ANALYTISCHE GEOMETRIE

MIT 117 BILDERN

MÜNCHEN MCMXLVIII

LEIBNIZ VERLAG

BISHER R. OLDENBOURG VERLAG

Prof. Dr. Paul Voigt, geboren am 19. Juni 1887 in Ivenberg/Ostpreußen

Copyright 1948 by Leibniz Verlag (bisher R. Oldenbourg Verlag) München. Lizenz Nr. US-E-179. Auflage 5000. Druck- u. Buchbinderarbeiten: R.Oldenbourg, Graph. Betriebe GmbH., München.

Vorwort

Als ich noch ein Lernender in der Mathematik war, habe ich stets mit Bedauern das Buch vermißt, das ohne viele theoretische Erörterungen in klarer, übersichtlicher Darstellung dem Schüler die Lösung einer großen Zahl sorgfältig ausgewählter Aufgaben nahebringt. Gerade in der analytischen Geometrie genügt es nicht, die Gleichungen und Methoden nur allgemein zu formulieren, sondern es ist nötig, an Hand von vielen Beispielen mit bestimmten gegebenen Zahlen, die eine einfache Rechnung ermöglichen, sich das Verständnis für die analytische Behandlungsweise und die nötige Fertigkeit zu erwerben. Die Kontrolle des rechnerischen Ergebnisses durch die Zeichnung wird, namentlich bei der Behandlung der geometrischen Örter, die Sicherheit und das Interesse erhöhen und dem Lernenden durch Stellung und Lösung ähnlicher Aufgaben die erforderliche Sicherheit und Übung geben.

Die Jugend ist heute geistig in mehr als einer Hinsicht sehr benachteiligt. Die gediegene Schulausbildung, die uns früher in vollkommener Weise geboten wurde, hat sie nicht genossen. Gerade die Jahre, die für die Entwicklung des jungen Menschen die wertvollsten sind, sind ihr verlorengegangen.

So steht die Jugend vor uns: Ohne Bildungsstätten — die sind zerstört; ohne Bücher — die sind verbrannt; ohne sechs wertvolle Jahre — die sind verloren! Geblieben ist das zielbewußte Streben nach geistigen Dingen, nach Vervollkommnung, nach wirklichem Können! Sie möchte es sich — allem zum Trotz — erwerben, in einsamer Arbeit, in der Stille der Studierstube. Und es ist ja noch immer so gewesen, daß zu bleibendem geistigen Eigentum geworden ist, was man sich in ernster Arbeit, in aufopferndem Streben allein angeeignet hat.

Möge das Buch, dem in ähnlicher Darstellung andere folgen sollen, Brücke und Leitseil werden denen, die immer höhere Stufen der Mathematik erklimmen wollen.

Rosenheim, Mai 1947.   **Der Verfasser**

Vorbemerkungen zum schrägen Bruchstrich

In der mathematischen Literatur bürgert sich die Schreibweise mit dem schrägem Bruchstrich statt dem waagrechten immer mehr ein. Hierzu sei an folgendes erinnert:

Der waagrechte Bruchstrich, der Doppelpunkt und der schräge Bruchstrich sind gleichbedeutende Zeichen der Division. Es gilt also:

$$\frac{a}{b} = a : b = a/b.$$

Der waagrechte Bruchstrich kann längere Ausdrücke zusammenfassen; seine Länge zeigt seinen Wirkungsbereich an. Die andern beiden Zeichen dagegen können nur je zwei benachbarte Zeichen in der Zeile verbinden, ebenso wie das Multiplikationszeichen. Der Schrägstrich erfordert also, die bekannte Regel zu beachten:

Die Zeichen für Multiplikation und Division verbinden enger als die für Addition und Subtraktion, solange weder Klammern noch sonstige Hinweise Gegenteiliges vorschreiben.

Demgemäß ergibt sich folgende wichtige Form:

$$a + b/c + d = a + \frac{b}{c} + d; \quad a - b/c + d = a - \frac{b}{c} \mp d.$$

Darinnen können a, b, c und d selbst zusammengesetzte Ausdrücke und selbstverständlich positiv oder auch negativ sein. Nur für diese Form braucht beim L e s e n der Schriftsätze mit Schrägbruchstrich die genannte Regel beachtet zu werden, denn alle sonstigen Ausdrücke mit Divisionen erscheinen unabhängig von der Regel eindeutig, weil Klammern gesetzt werden müssen, z. B.:

$$\frac{a + b}{c + d} = (a + b)/(c + d).$$

Das S c h r e i b e n erfordert allgemeine Beachtung der Regel. Ausdrücke wie

$$a/b \cdot c \quad \text{und} \quad a/b/c$$

sind nicht allgemein eindeutig und deshalb auch nicht allgemein brauchbar. Statt ihrer stehen eindeutige Formen zur Verfügung, wie $(a/b) \cdot c$ und $a/(b \cdot c)$ sowie $(a/b)/c$ und $a/(b/c)$.

Der waagrechte Bruchstrich ist vorzuziehen bei genügendem Raum und stets dann, wenn er wesentlich übersichtlichere Formelbilder liefert, als der Schrägbruchstrich.

Der Schrägbruchstrich ließe sich durch den Doppelpunkt*) ersetzen. Es ist aber üblich, den Doppelpunkt für bestimmte Rechnungsarten zu bevorzugen (Verhältnisrechnungen), und dieser Gebrauch soll nicht gestört werden.

Beginnt der Nenner mit einem negativen Vorzeichen, so setzt man ihn besser in Klammern, also:

$$\frac{a}{-b} = a/-b, \quad \text{besser} \quad a/(-b).$$

Die Formen mit waagrechtem und schrägem Bruchstrich seien einander in einigen Beispielen gegenübergestellt:

$$\frac{3}{2} = 3/2; \quad \frac{1}{2\,x} = 1/(2\,x); \quad \frac{1}{2}\,x = (1/2)\,x$$

$$\frac{2\,x + a}{-y} = (2\,x + a)/(-y); \quad \left(\frac{3}{r}\right)^2 + \left(\frac{4}{r}\right)^2 = 1 \equiv (3/r)^2 + (4/r)^2 = 1$$

$$\frac{\dfrac{11}{5} - \dfrac{4}{11}}{1 + \dfrac{11}{5} \cdot \dfrac{4}{11}} = \frac{\dfrac{101}{55}}{\dfrac{99}{55}} = \frac{101}{99} \equiv \frac{11/5 - 4/11}{1 + (11/5)\,(4/11)} = \frac{101/55}{99/55} = 101/99.$$

Der Verlag

---

*) Den Multiplikationspunkt und den Divisionsdoppelpunkt hat L e i b n i z eingeführt.

Inhaltsverzeichnis

Einleitung

Die analytische Geometrie hat die Aufgabe, unter ausgedehnter Anwendung der Algebra und der Lehren der Trigonometrie geometrische Beziehungen zu entwickeln. Sie legt die Lage eines Punktes in der Ebene durch geometrische Bestimmungsstücke, Koordinaten genannt, fest und stellt die Eigenschaften geometrischer Gebilde durch Gleichungen dar, in denen die geometrischen Bestimmungsstücke enthalten sind. Diese algebraisch-geometrische Betrachtungsweise hat vor der rein planimetrischen den Vorteil, daß sie ein wichtiges Hilfsmittel bei der Ermittlung geometrischer Örter seit ihrer Einführung (Descartes 1637) geworden ist und sofort die Zahl und Möglichkeit der Lösungen gibt. Descartes (1596—1650) löste in genialer Weise das Problem der Verknüpfung von Geometrie und Algebra, schuf das Koordinatensystem und wies damit den Weg, ein geometrisches Problem durch Einführung von Strecken als Bekannte und Unbekannte in algebraische Beziehung zu setzen, mit diesen zu rechnen und neue Beziehungen herzuleiten. Infolgedessen eignet sich die analytische Betrachtungsweise besonders zur Untersuchung von Kurven, deren Betrachtung auf dem Wege der Konstruktion zu schwierig wäre. Sie erfaßt ihre Eigenschaften und ihre Zusammenhänge rechnerisch (analytisch), deckt logische Abhängigkeiten auf und enthüllt wichtige mathematische Zusammenhänge. So ist sie das Fundament jenes Zweiges der Mathematik geworden, den Leibniz und Newton unabhängig voneinander in der Infinitesimalrechnung schufen und der der Menschheit das mathematische Instrument in die Hand gab, die Natur und die Vorgänge in ihr mathematisch zu erforschen und zu beschreiben.

Die Koordinaten eines Punktes

Da jede Linie als der geometrische Ort eines veränderlichen Punktes aufgefaßt werden kann, so hat man zuerst festzustellen, in welcher Weise die geometrische Lage eines Punktes in der Ebene durch Zahlenangaben zu bestimmen ist. Um die Lage eines Punktes in der Ebene festzulegen, zieht man in dieser zwei aufeinander senkrecht stehende Gerade, die sogenannten Koordinatenachsen, deren Schnittpunkt 0 der Koordinatenanfangspunkt oder Ur-

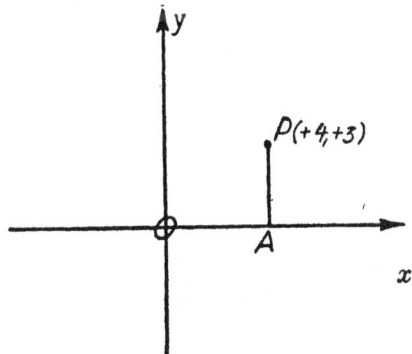

Abb. 1.

sprung des Koordinatensystems ist. Die waagerechte .Achse nennt man Abszissen- oder x-Achse, die senkrechte Ordinaten- oder y-Achse. Projiziert man nun einen Punkt P der Ebene parallel zur y-Achse auf die x-Achse, dann sind $OA = x$ und $PA = y$ die Koordinaten des Punktes P. Man nennt

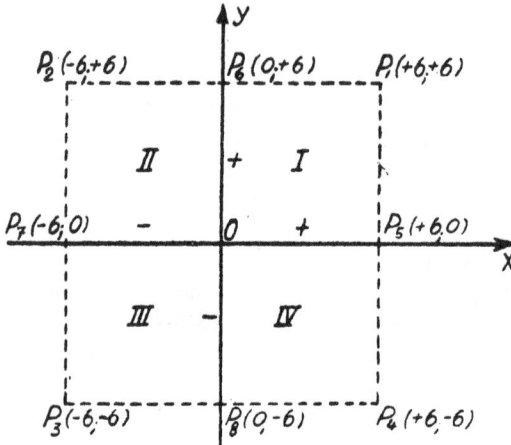

$OA = x$ die Abszisse, $PA = y$ die Ordinate des Punktes P (s. Abb. 1). In Abb. 1 hat P die Koordinaten $x = 4$ und $y = 3$; man schreibt das kurz $P(+4, +3)$.

Durch die beiden Achsen wird die Ebene in 4 Felder oder Quadranten geteilt. Um unterscheiden zu können, in welchen Quadranten ein Punkt gelegen ist, werden die Vorzeichen der Koordinaten in den 4 Quadranten so genommen, wie Abb. 2 zeigt. Es ist also

Abb. 2.

im	I. Quadranten	$x +;$	$y +;$
„	II. „	$x -;$	$y +;$
„	III. „	$x -;$	$y -;$
„	IV. „	$x +;$	$y -.$

Liegen die Punkte $P_5 ... P_8$ auf den Koordinatenachsen, dann gelten ·die in Abb. 2 angegebenen Koordinaten.

Die Gerade

1. Entfernung zweier Punkte

Sind 2 Punkte P_1 und P_2 durch ihre Koordinaten $x_1\, y_1$ bzw. $x_2\, y_2$ gegeben, so ergibt sich ihre Entfernung $P_1 P_2 = d$ aus dem rechtwinkligen Dreieck $P_1 P_2 C$, das entsteht, wenn man durch P_1 und P_2 Parallele zu den Koordinatenachsen zieht (s. Abb. 3). Nach dem Pythagoräischen Lehrsatz ist dann

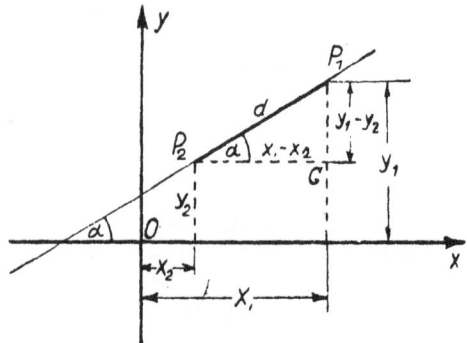

$$d = \sqrt{(x_1 - x_2)^2 + (y_1 - y_2)^2}$$

Abb. 3.

Es ist gleichgültig, in welchem Quadranten die Punkte P_1 und P_2 liegen und es ändert sich auch der Ausdruck unter der Wurzel nicht, wenn man x_1 und x_2 bzw. y_1 und y_2 vertauscht, da das Quadrat der beiden Differenzen stets positiv bleibt.

2. Neigung einer Strecke gegen die x-Achse

Neben der Entfernung d der Punkte $P_1 P_2$ voneinander läßt sich aus den Koordinaten der beiden Punkte auch der Winkel α bestimmen, den die Strecke $P_1 P_2$ bzw. ihre Verlängerung mit der x-Achse bildet.

Aus Abb. 3 folgt unmittelbar $\operatorname{tg} \alpha = \dfrac{y_1 - y_2}{x_1 - x_2}$.

Der Winkel α ist entweder spitz oder stumpf, je nach dem Vorzeichen der rechten Seite der obigen Gleichung, das sich ergibt, wenn man die bestimmten Koordinaten in die Gleichung einsetzt.

1. Beispiel:

Berechne   a) die Entfernung der Punkte $P_1(-5, 7)$ und $P_2(4, 1)$,

              b) die Neigung der Strecke $P_1 P_2$ gegen die x-Achse und

untersuche,   c) ob auch der Punkt $P_3(1, 3)$ auf der Geraden, die durch $P_1 P_2$ bestimmt ist, liegt.

Es ist

a) $d = \sqrt{(x_1 - x_2)^2 + (y_1 - y_2)^2} = \sqrt{(-5 - 4)^2 + (7 - 1)^2} = \sqrt{117} = 10{,}82,$

b) $\operatorname{tg} \varphi = \dfrac{y_1 - y_2}{x_1 - x_2} = \dfrac{7 - 1}{-5 - 4} = -\dfrac{2}{3}$ ($\sphericalangle \varphi$ ist stumpf)

$\operatorname{tg}(180 - \varphi) = +2/3$

$$180 - \varphi = 33^0\ 41{,}4'$$
$$\varphi = 146^0\ 18{,}6'.$$

c) Wenn die drei Punkte $P_1 P_2$ und P_3 auf einer Geraden liegen, dann müssen sie offenbar dieselbe Richtung ergeben, d. h. für die Verbindungslinie je zweier Punkte $P_1 P_2$ und $P_2 P_3$ muß die Beziehung gelten:

$$\frac{y_1 - y_2}{x_1 - x_2} = \frac{y_2 - y_3}{x_2 - x_3}.$$

Für die drei Punkte ergibt sich also $(7 - 1)/(-5 - 4) = (1 - 3)/(4 - 1)$ oder $-2/3 = -2/3$, d. h. die drei Punkte liegen auf einer Geraden.

2. Beispiel: Bestimme die Koordinaten des Punktes P_1, der von den Punkten $P_1(5, 3)$, $P_2(2, -6)$ und $P_3(-2, 2)$ gleich weit entfernt ist. Wie lang ist $P P_1$?

Zur Bestimmung der Koordinaten x und y des Punktes P hat man die beiden Gleichungen   1. $P P_1 = P P_3$;   2. $P P_3 = P P_2$

Aus 1. $\sqrt{(x - 5)^2 + (y - 3)^2} = \sqrt{(x + 2)^2 + (y - 2)^2}$

            $-14 x - 2 y = -26$

Aus 2. $\sqrt{(x + 2)^2 + (y - 2)^2} = \sqrt{(x - 2)^2 + (y + 6)^2}$

            $8 x - 16 y = 32.$

Aus 1. und 2. folgt $x = 2$; $y = -1$ und nach Einsetzen dieser Werte in die Formel für $P\,P_1$ Entfernung $d = \sqrt{9 + 16} = 5$.

Man mache sich klar, daß man mit der Lösung dieser Aufgabe gleichzeitig den Mittelpunkt P des dem Dreieck $P_1\,P_2\,P_3$ umbeschriebenen Kreises gefunden hat. Sein Radius ist $r = 5$, seine Mittelpunktskoordinaten sind $x = 2$ und $y = -1$.

3. Flächeninhalt eines Dreiecks

Es ist $\triangle A\,B\,C = \square\,D\,F\,C\,A + \square\,F\,E\,B\,C - \square\,D\,E\,B\,A$.

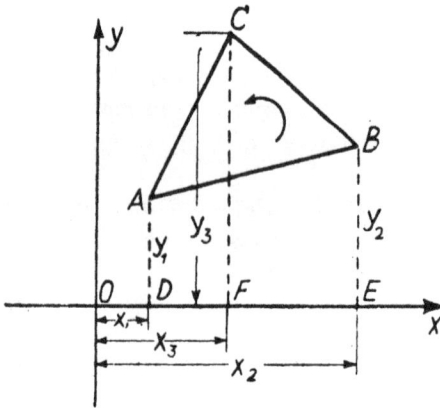

Abb. 4.

Drückt man den Flächeninhalt jedes dieser Trapeze durch die Koordinaten ihrer Eckpunkte aus, dann ist

$$2\,J = (y_1 + y_3)\,(x_3 - x_1) + \\ + (y_2 + y_3)\,(x_2 - x_3) - \\ - (y_1 + y_2)\,(x_2 - x_1).$$

Nach dem Ausmultiplizieren der Klammern erhält man unter Wegheben dreier gleicher Summanden

$$2\,J = y_1\,x_3 - y_3\,x_1 - y_2\,x_3 + \\ + y_3\,x_2 - y_1\,x_2 + y_2\,x_1$$

oder

$$2\,J = x_1\,(y_2 - y_3) + x_2\,(y_3 - y_1) + \\ + x_3\,(y_1 - y_2).$$

Liegt ein Eckpunkt des Dreiecks im Koordinatenanfangspunkt, etwa $P_3\,(x_3, y_3)$, dann werden x_3 und y_3 zu 0 und die vorstehende Dreiecksformel geht über in

$$2\,J = x_1\,y_2 - x_2\,y_1.$$

Beispiel: Berechne den Flächeninhalt des Dreiecks $A\,B\,C$, wenn die Eckpunkte die Koordinaten $A\,(3, 2)$, $B\,(9, 4)$, $C\,(6, 6)$ haben.

Es ist
$$2\,J = x_1\,(y_2 - y_3) + x_2\,(y_3 - y_1) + x_3\,(y_1 - y_2) \\ = 3\,(4 - 6) + 9\,(6 - 2) + 6\,(2 - 4) \\ = -6 + 36 - 12 = +18, \\ J = 9.$$

Hier ist das Dreieck $A\,B\,C$ beim Einsetzen der Koordinaten im positiven Umlaufsinn, d. h. der Bewegung des Uhrzeigers entgegengesetzt umlaufen. Das Ergebnis ist positiv (s. Abb. 4).

Vertauscht man dagegen B und C miteinander und umläuft man bei Aufstellung der Formel das Dreieck im Sinne der Bewegung des Uhrzeigers, dann wird, wie man sich im folgenden leicht überzeugen kann, das Ergebnis negativ.

Es ist dann $2\,J = 3\,(6 - 4) + 6\,(4 - 2) + 9\,(2 - 6)$
$$= 6 + 12 - 36 = -18, \\ J = -9.$$

Sonderfall: Wird nach Einsetzen der Werte für die Koordinaten $2\,J = 0$, dann liegen die Punkte A B und C auf einer Geraden.

Beispiel: Gegeben sind die 3 Punkte $A\,(3,2)$, $B\,(6,8)$ und $C\,(-4,-12)$. Was folgt aus dem Ergebnis?

4. Gleichung der Geraden

Bisher war in den Ausführungen von Punkten und Strecken, von ihrer Lage zueinander und zu einem gegebenen Achsenkreuz die Rede. Wir wollen uns nunmehr nach einem kurzen Rückblick auf die **Funktion**, der man im Rahmen der graphischen Darstellung eine die betreffende Funktion darstellende Kurve zuordnen konnte, der umgekehrten Aufgabe zuwenden, nämlich der, zu einer gegebenen Kurve die diese darstellende Gleichung zu finden. Es soll eine Beziehung zwischen x und y aufgestellt werden, die für jeden beliebigen Punkt $P\,(x,y)$ der betrachteten Kurve gilt, also die Gleichung der Kurve entwickelt werden.

Die Bestimmungsgleichung $2\,x - 6 = 0$ wird nur erfüllt für $x = 3$. Setzt man für x andere Werte als 3 in die Gleichung ein, dann wird die linke Seite derselben nicht gleich Null, sondern nimmt für jeden Wert von x einen anderen Wert an. Bezeichnet man nun den Ausdruck $2\,x - 6$ mit y, so ändert sich der Wert von y mit jeder Änderung von x, wie nachstehende Wertetabelle zeigt.

$$y = 2\,x - 6$$

x	-5	-4	-3	-2	-1	0	1	2	3	4	5	6
y	-16	-14	-12	-10	-8	-6	-4	-2	0	2	4	6

Das Abhängigkeitsverhältnis zwischen x und y läßt sich am klarsten überblicken, wenn man die durch die Gleichung bestimmte Funktion graphisch darstellt. Das Schaubild ist in diesem Falle eine Gerade.

Sind zwei Größen so voneinander abhängig, daß eine Änderung der einen auch eine Änderung der andern bedingt, so bezeichnet man die eine Größe als eine Funktion der andern. Man nennt deshalb x und y Veränderliche oder Variable, und zwar heißt x die unabhängige Variable, weil man ihr willkürlich Werte zuordnen kann, während man y die abhängige Variable nennt. Man sagt kurz, y ist eine Funktion von x, und drückt diese Abhängigkeit im allgemeinen durch eine Gleichung aus, z. B.: $y = a\,x + b$; $y = 5\,x^2 - 3$, oder allgemein $y = f\,(x)$; $y = g\,(x)$. (Lies: f von x, g von x oder kurz $f\,x$, $g\,x$. Die Buchstaben f und g sind aber keine Faktoren, sondern Symbole für den Ausdruck Funktion.)

Wir wollen uns nach diesem kurzen Rückblick nunmehr der eigentlichen Aufgabe der analytischen Geometrie zuwenden, nämlich der, aus gegebenen oder bedingten Eigenschaften einer Kurve ihre Gleichung zu finden, die für jeden beliebigen Punkt der Kurve Gültigkeit hat.

5. Gleichung der Geraden durch den Nullpunkt

In Abb. 5 sei P ein Punkt der durch den Nullpunkt gehenden Geraden. Wie eine Perle auf einer Schnur gleitet er auf der Geraden entlang und jedes Weitergleiten bedingt eine entsprechende Änderung der Koordinaten x und y. Was sich aber nicht ändert, ist das Verhältnis der Koordinaten. Es bleibt für jeden Punkt der Geraden konstant, und für jeden Punkt der Geraden gilt daher die Beziehung

$$y/x = \operatorname{tg} \alpha \quad \text{oder} \quad y = \operatorname{tg} \alpha \cdot x.$$

Das ist die Gleichung der Geraden durch den Ursprung, die die Form

$$y = m\,x$$

annimmt, wenn man für $\operatorname{tg} \alpha$ die übliche Bezeichnung m setzt. Da der Winkel α die Richtung der Geraden bestimmt, so nennt man $\operatorname{tg} \alpha = m$ den Anstieg oder den Richtungsfaktor der Geraden.

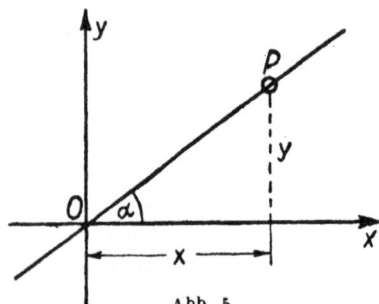

Abb. 5.

Wir wollen noch ein wenig bei dem Bilde des Perlenpunktes $P\,(x, y)$ verweilen und hierbei die für spätere Untersuchungen und Betrachtungen nützliche Erkenntnis mitnehmen, daß es sich bei einem derart bezeichneten Punkt um einen Punkt mit laufenden Koordinaten handelt zum Unterschied von den festen, mit einem Index bezeichneten Punkten $P_1\,(x_1, y_1)$ und $P_2\,(x_2, y_2)$.

Sonderfälle:

a) Ist $\alpha = 0$, dann fällt die Gerade mit der x-Achse zusammen und man erhält in $y/x = \operatorname{tg} \alpha = 0$ oder in

$$y = 0 \ \text{die Gleichung der } x\text{-Achse.}$$

b) Schreibt man die Gleichung $y/x = \operatorname{tg} \alpha = m$ in der Form $x = y/m = x/\operatorname{tg}\alpha$ und geht m nach ∞ ($m \to \infty$; tritt ein, wenn $\alpha = 90^0$ wird), dann wird $y/m = 0$ und man erhält in

$$x = 0 \ \text{die Gleichung der } y\text{-Achse.}$$

c) Es ist nun leicht einzusehen, daß

$x = \pm\,a$ die Gleichung der Parallelen zur y-Achse,
$y = \pm\,b$ die Gleichung der Parallelen zur x-Achse ist.

d, Ist $\alpha = 45^0$, dann ist $\operatorname{tg}\alpha = m = 1$, und somit erhält man in $y/x = 1$, also in

$$y = x \ \text{die Gleichung der Symmetrieachse.}$$

Beispiele:

1. Zeichne die Geraden:

a) $y = (1/2)\,x$;   b) $y = 2\,x$;   c) $y = 3\,x$;   d) $y = (3/2)\,x$.

Welchen Winkel bilden sie mit der x-Achse?

2. Bestimme die Gleichung der Geraden, die mit der x-Achse bildet:

   a) den Winkel $\alpha = 45^0$ $(y = x)$,

   b)   ,,   ,, $\alpha = 60^0$ $(y = \sqrt{3} \cdot x)$,

   c)   ,,   ,, $\alpha = 135^0$ $(y = -x)$.

6. Gleichung der Geraden in beliebiger Lage

Bildet die Gerade mit der x-Achse den Winkel α und schneidet sie die y-Achse in der Entfernung n vom 0-Punkt, dann gilt für jeden Punkt der Geraden, also für jede Lage des Perlenpunktes die Beziehung

$$m = \operatorname{tg} \alpha = \frac{y-n}{x} \text{ oder } y - n = mx.$$

Daraus folgt die Gleichung

$$y = mx + n.$$

In dieser Gleichungsform sind die Gleichungen aller Geraden der Ebene enthalten, denn legt man n alle Werte von $-\infty$ bis $+\infty$ bei und läßt man außerdem m alle Werte zwischen $-\infty$ und $+\infty$ annehmen, dann gelangt man zu sämtlichen Geraden der Ebene.

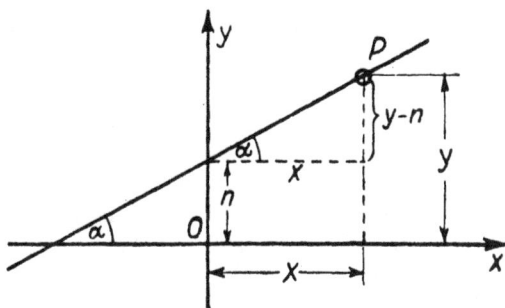

Abb. 6.

Erscheint eine Gleichung 1. Grades zwischen x und y in der allgemeinen Form

$$Ax + By + C = 0$$

dann läßt sie sich leicht auf die Form $y = mx + n$ bringen. Man erhält nach einigen Umformungen

$$y = -\frac{A}{B}x - \frac{C}{B}$$

und in $-\frac{A}{B} = m$ den Richtungsfaktor,

in $-\frac{C}{B} = n$ den Abschnitt auf der y-Achse.

1. Beispiel: Bringe $9x - 6y - 18 = 0$ auf die Form $y = mx + n$!

Ergebnis: $y = (3/2)x - 2$.

2. Beispiel: Untersuche, ob die Punkte $P_1(2, -3)$; $P_2(0, -6)$ und $P_3(-3, -7)$ auf der Geraden $3x - 2y - 12 = 0$ liegen!

Anleitung: Setze für die laufenden Koordinaten der Gleichung die bestimmten der einzelnen Punkte ein und stelle fest, ob die Gleichung zu einer identischen wird!

3. Beispiel: Zeichne das Schaubild der Geraden $3x + 4y - 24 = 0$!
Es ist nicht nötig, dazu eine Wertetabelle aufzustellen oder den Richtungsfaktor und den Abschnitt auf der y-Achse zu bestimmen. Man bestimmt
einfach die Achsenabschnitte der Geraden, indem man abwechselnd x und
y in der vorgelegten Gleichung 0 setzt:
Für $x = 0$ ist $y = 6$, für $y = 0$ ist $x = 8$.

4. Beispiel: Zeichne das Dreieck, dessen Seiten die Gleichungen
$2x - 5y - 20 = 0$; $5x - 2y + 10 = 0$ und $3x + 4y - 24 = 0$ haben.
Beachte Beispiel 3!

Nach diesen vorbereitenden Ausführungen wollen wir uns nunmehr den
Gleichungen der Geraden mit bestimmten Bedingungen zuwenden.

7. Gleichung der Geraden mit bestimmten Bedingungen

Die Einführung in die graphische Darstellung der linearen Funktion
führte zu der Erkenntnis, daß 1. Gleichungen von der Form $y = mx$ die
Gesamtheit aller Geraden durch den Nullpunkt darstellen, wo ein positives m
eine steigende Gerade, ein negatives m eine fallende Gerade bedeutet,
2. Gleichungen von der Form $y = mx + n$ alle
die Geraden darstellen, die geometrisch durch den
Richtungsfaktor m und den Abschnitt n auf der
y-Achse eindeutig festgelegt sind. Sie können
in folgenden 4 Formen auftreten (m und n hier
positive Werte):

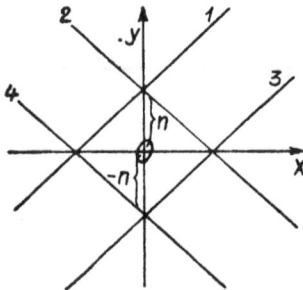

Abb. 7.

1. $y = \cdot mx + n$
2. $y = - mx + n$
3. $y = \quad mx - \cdot n$
4. $y = - mx - n.$

Die hier zusammengestellten Ergebnisse erfahren
in der analytischen Geometrie eine entsprechende
Erweiterung durch folgende Tatsachen:

Eine Gerade kann bestimmt sein:

1. Durch einen Punkt und den Winkel zwischen der Geraden und
    der x-Achse (bzw. Richtungsfaktor),
2. durch 2 Punkte,
3. durch die beiden Achsenabschnitte,
4. durch den Abstand der Geraden vom Nullpunkte.

Mit dieser geometrisch . sofort einleuchtenden Bestimmtheit **muß** die
analytische Hand in Hand gehen, d. h. es muß möglich sein, sowohl aus P_1
und $\sphericalangle \alpha$ (m), als aus P_1 und P_2, als aus den Achsenabschnitten a und b, als
auch aus d (dem Abstand vom Nullpunkte) und dem von d und der x-Achse
gebildeten Winkel φ die Gleichung der betreffenden Geraden zu finden.

Zu 1. Die Gleichung $y_1 = mx_1 + n$ enthält die Bedingung, daß der
Punkt P_1 (x_1, y_1) auf der Geraden $y = mx + n$ liegt. Ist $y = mx + n$ die
Gleichung der gesuchten Geraden, so erhält man aus

$$y = mx + n \quad \text{und}$$
$$y_1 = mx_1 + n \quad \text{durch Subtraktion:}$$

(1)
$$y - y_1 = m\,(x - x_1).$$

Die Gleichung sagt aus, daß man durch einen gegebenen Punkt unzählig viele Gerade legen kann, da man der Größe m alle möglichen Werte beilegen kann.

Zu 2. Ist $y = mx + n$, so gilt, da $P_1\,(x_1, y_1)$ und $P_2\,(x_2, y_2)$ auf dieser Geraden liegen

$$y_1 = mx_1 + n$$
$$y_2 = mx_2 + n. \quad \text{Durch Subtraktion folgt:}$$
$$y_1 - y_2 = m\,(x_1 - x_2)$$

$$m = \frac{y_1 - y_2}{x_1 - x_2}.$$

Setzt man diesen Wert in (1) ein, so ist

(2)
$$\frac{y - y_1}{x - x_1} = \frac{y_1 - y_2}{x_1 - x_2}.$$

Zu 3. Aus vorstehender Gleichung läßt sich leicht die Gleichung der Geraden ableiten, die durch ihre Achsenabschnitte a und b bestimmt ist. Da $P_1\,(a, 0)$ und $P_2\,(0, b)$ auf den Achsen liegen, so erhält man aus (2) $(y - 0)/(x - a) = (0 - b)/(a - 0)$, d. h. $ay = -bx + ab$ oder $bx + ay = ab$ oder schließlich

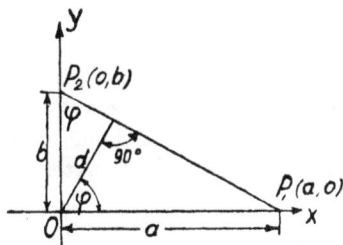

Abb. 8.

(3)
$$\frac{x}{a} + \frac{y}{b} = 1.$$

Zu 4. Die Lage einer Geraden ist ferner bestimmt durch ihren Abstand d vom Nullpunkte und durch den Winkel φ, den d mit der x-Achse bildet. Ihre Gleichung läßt sich aus (3) ableiten. Aus Abb. 8 ersieht man, daß $\cos\varphi = d/a$, also $a = d/\cos\varphi$; $\sin\varphi = d/b$, also $b = d/\sin\varphi$ ist. Setzt man die Werte für a und b in (3) ein, so erhält man

$$x \cdot (\cos\varphi)/d + y \cdot (\sin\varphi)/d = 1 \quad \text{oder}$$
(4)
$$x \cdot \cos\varphi + y \cdot \sin\varphi - d = 0.$$

Das ist die Normalform von Hesse (1811—1874 Professor der Mathematik in Heidelberg und München).

8. Teilpunkt einer Strecke

Gegeben seien die Punkte P_1 und P_2. Bestimme die Koordinaten des Punktes P_0, der die Strecke $P_1 P_2$ im vorgeschriebenen Verhältnis $m : n$ teilt! An Hand der Abb. 9 kann man die Bestimmung leicht vornehmen, da die Parallelen zur x-Achse durch P_0 und P_2 ähnliche Dreiecke erzeugen. Man erhält

$$\frac{x_1 - x_0}{x_0 - x_2} = \frac{y_1 - y_0}{y_0 - y_2} = \frac{m}{n}.$$

Daher ist:

1. $x_1\, n - x_0\, n = x_0\, m + x_2\, m$ oder $x_0 = \dfrac{x_2\, m + x_1\, n}{m + n}$

2. $y_1\, n - y_0\, n = y_0\, m - y_2\, m$ oder $y_0 = \dfrac{y_2\, m + y_1\, n}{m + n}.$

Dividiert man Zähler und Nenner der rechten Seite der Gleichungen durch n und bezeichnet das Teilverhältnis m/n abgekürzt mit λ, so ist

(1) $x_0 = \dfrac{x_1 + \lambda\, x_2}{1 + \lambda}.$

(2) $y_0 = \dfrac{y_1 + \lambda\, y_2}{1 + \lambda}.$

Durch diese Gleichungen ist jedem Wert von λ ein Wert von x_0 bzw. y_0 und damit eine bestimmte Lage des Punktes P_0

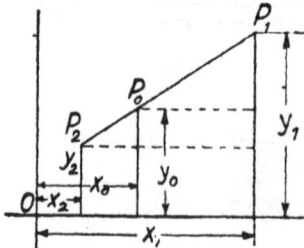

Abb. 9.

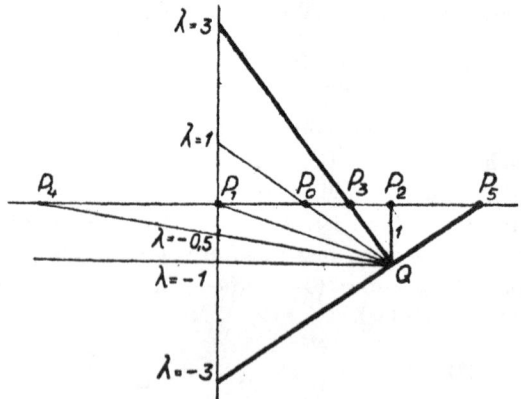

Abb. 10.

zugewiesen und umgekehrt. Um zu untersuchen, welche verschiedenen Lagen der Punkt P_0 einnimmt, wenn λ seinen Wert ändert, benutzt man die aus der Planimetrie bekannte Konstruktion des Punktes P_0, der eine gegebene Strecke $P_1\,P_2$ im Verhältnis $\lambda:1$ teilt. Der Abb. 10 entnimmt man folgendes:

In P_2 ist senkrecht nach unten die Strecke $P_2 Q = 1$ und in P_1 senkrecht nach oben und unten $+\lambda$ bzw. $-\lambda$ gezeichnet. Ist $\lambda = 0$, so fällt P_0 auf P_1. Wächst λ, so rückt P_0 von P_1 weiter nach P_2 hin und erreicht für $\lambda = 1$ den Halbierungspunkt P_0 der Strecke $P_1\,P_2$. Man erhält

$$x_0 = \frac{x_1 + x_2}{2} \quad \text{und entsprechend} \quad y_0 = \frac{y_1 + y_2}{2}$$

als Koordinaten des Mittelpunktes einer Strecke.

Ist $\lambda > 1$, dann rückt P_0 immer mehr nach P_2 hin und kommt für sehr große Werte von λ sehr nahe an P_2 heran. P_2 wird aber erst erreicht, wenn $\lambda \to \infty$ geworden ist.

Gibt man λ einen kleinen negativen Wert ($\lambda = -0,5$), dann fällt P, hier P_4, außerhalb $P_1 P_2$. Wächst λ, absolut genommen, so rückt P sehr rasch von P_1 fort. Wird λ zu -1, dann geht der Punkt P in unendliche Entfernung. Wächst λ über -1 hinaus, so erscheint der Schnittpunkt P von rechts her und rückt immer näher an P_2 heran. Wann fällt er mit P_2 zusammen?

9. Harmonische Punkte

Von besonderer Bedeutung sind die Teilpunkte einer Strecke, deren Teilverhältnisse sich nur durch das Vorzeichen unterscheiden. Die Abb. 10 zeigt für $\lambda = +3$ bzw. -3 die Punkte P_3 und P_5, die diese Bedingung erfüllen. Sie teilen die Strecke $P_1 P_2$ innen und außen in demselben Verhältnis und bilden die harmonische Punktreihe $P_1 P_2 P_3 P_5$. Für die Koordinaten des Punktes P_5 (x_0' und y_0' genannt) und $\lambda' = -\lambda$ erhält man somit

1.
$$x_0' = \frac{x_1 - \lambda' x_2}{1 - \lambda'}$$

und ebenso

2.
$$y_0' = \frac{y_1 - \lambda' y_2}{1 - \lambda'}.$$

1. Beispiel. Gegeben sind die Punkte P_1 ($-3, 4$) und P_2 ($3, 2$). Bestimme die zugeordneten harmonischen Punkte, wenn $\lambda = 1/2 = \lambda'$ ist!

a) Man erhält für den inneren Teilungspunkt P_0

$$x_0 = \frac{x_1 + \lambda x_2}{1 + \lambda} = \frac{-3 + (1/2)\,3}{1 + 1/2} = -1$$

$$y_0 = \frac{y_1 + \lambda y_2}{1 + \lambda} = \frac{4 + (1/2)\,2}{1 + 1/2} = \frac{10}{3}.$$

b) Für den äußeren Teilungspunkt P_0' ist

$$x_0' = \frac{x_1 - \lambda x_2}{1 - \lambda} = \frac{-3 - (1/2)\,3}{1 - 1/2} = -9$$

$$y_0' = \frac{y_1 - \lambda y_2}{1 - \lambda} = \frac{4 - (1/2)\,2}{1 - 1/2} = 6.$$

2. Beispiel. Man berechne den Schwerpunkt S im Dreieck $P_1 P_2 P_3$. Für die Koordinaten des Seitenhalbierungspunktes P_{I} gilt (s. Abb. 11):
$$x_{\mathrm{I}} = (x_2 + x_3)/2; \quad y_{\mathrm{I}} = (y_2 + y_3)/2.$$

Da nun S die Verbindungslinie $P_1 P_{\mathrm{I}}$ im Verhältnis $2:1$ teilt, so ist

$$x_S = \frac{x_1 + 2 \cdot x_{\mathrm{I}}}{1 + 2} = \frac{x_1 + 2(x_2 + x_3)/2}{3},$$

$$x_S = \frac{x_1 + x_2 + x_3}{3}; \quad y_S = \frac{y_1 + y_2 + y_3}{3}.$$

10. Schnittwinkel zwischen zwei Geraden

Aus Abb. 12 ist leicht ersichtlich, daß $\delta = \alpha_1 - \alpha_2$ ist. Dieses Ergebnis befriedigt aber nicht, weil α_1 und α_2 nicht unmittelbar gegeben sind. Gegeben sind vielmehr die Gleichungen der beiden Geraden in irgendeiner Form, welche man dann auf die „Richtungsform" bringen kann. Dann ist

$$g_1 \equiv y = m_1 x + n_1 \quad \text{wo} \quad m_1 = \operatorname{tg} \alpha_1$$
$$g_2 \equiv y = m_2 x + n_2 \quad ,, \quad m_2 = \operatorname{tg} \alpha_2.$$

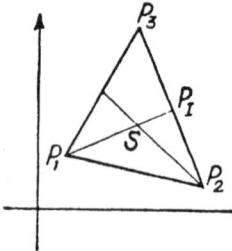

Abb. 11.

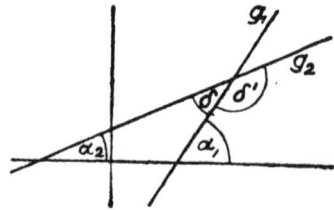

Abb. 12.

Aus $\delta = \alpha_1 - \alpha_2$ folgt nun $\operatorname{tg} \delta = \operatorname{tg}(\alpha_1 - \alpha_2)$ oder

$$\operatorname{tg} \delta = \frac{\operatorname{tg} \alpha_1 - \operatorname{tg} \alpha_2}{1 + \operatorname{tg} \alpha_1 \cdot \operatorname{tg} \alpha_2} = \frac{m_1 - m_2}{1 + m_1 \cdot m_2}.$$

Schnittwinkel zwischen den beiden Geraden ist aber auch der Winkel $\delta' = 2 \cdot 90^0 - \delta$. Da nun $\operatorname{tg}(2 \cdot 90^0 - \delta) = -\operatorname{tg} \delta$ ist, so gilt für δ'

$$\operatorname{tg} \delta' = -\frac{m_1 - m_2}{1 + m_1 m_2}.$$

Allgemein ist daher

$$\operatorname{tg} \delta = \pm \frac{m_1 - m_2}{1 + m_1 m_2}.$$

Für den spitzen Winkel ist der positive Wert zu wählen.

Sonderfälle:

a) Zwei Gerade laufen parallel. Dann gilt

$$\delta = 0, \quad \operatorname{tg} \delta = \frac{m_1 - m_2}{1 + m_1 \cdot m_2} = 0; \quad m_1 - m_2 = 0; \quad m_1 = m_2, \quad \text{d. h. parallele}$$

Gerade haben gleiche Richtungskonstanten.

b) Zwei Gerade stehen senkrecht aufeinander. Dann ist

$$\delta = 90^0, \text{ also } \operatorname{tg} \delta = \frac{m_1 - m_2}{1 + m_1 m_2} \to \infty.$$

Ein Bruch wird aber bei endlichem Zähler zu ∞, wenn der Nenner Null wird. Somit ist $1 + m_1 m_2 = 0$; $m_1 m_2 = -1$; $m_2 = -1/m_1$.

Wird α_1 oder α_2 selbst 90°, dann findet man, daß zu $m_1 \to \infty$ ein $m_2 = 0$ gehört und umgekehrt.

Zwei Gerade stehen also senkrecht aufeinander, wenn ihre Richtungskonstanten zueinander negativ reziprok sind.

Die Anwendung der im Vorstehenden entwickelten Beziehungen sei an einem Beispiel klargelegt:

11. Musterbeispiel

Gegeben sind die Koordinaten der Eckpunkte eines Dreiecks: P_1 ($-2, -1$) P_2 (9, 3) P_3 (3, 10). Bestimme:

1. Die Gleichungen der drei Seiten,
2. die Länge der drei Seiten,
3. die Winkel des Dreiecks,
4. die Koordinaten der Seitenmitten,
5. die Koordinaten des Schwerpunktes S,
6. die Gleichungen zweier Mittellote und ihren Schnittpunkt M,
7. die Gleichungen zweier Höhen und ihren Schnittpunkt H.
8. Beweise sodann, daß

a) Schwerpunkt, Höhenschnittpunkt und Mittelpunkt des Umkreises auf einer Geraden liegen (Eulersche Gerade),

b) der Schwerpunkt diese Gerade ($M H$) im Verhältnis 1 : 2 teilt (Lehrsatz).

Wenn auch eine Zeichnung keineswegs ein notwendiger Bestandteil des Lösungsverfahrens ist, so ist sie doch, genau gezeichnet, als Richtigkeitsprobe und zur Klärung des Verständnisses von großem Nutzen. Für den Anfänger ist die Herstellung einer Zeichnung besonders wertvoll.

1. Die Gleichungen der drei Seiten

$P_1 P_2$ liefert $\dfrac{y+1}{x+2} = \dfrac{-1-3}{-2-9} = \dfrac{4}{11} = m_3$

$$11 y + 11 = 4 x + 8; \qquad y = \frac{4}{11} x - \frac{3}{11}$$

$P_2 P_3$ liefert $\dfrac{y-3}{x-9} = \dfrac{3-10}{9-3} = -\dfrac{7}{6} = m_1; \quad y = -\dfrac{7}{6} x + \dfrac{27}{2}$

$P_1 P_3$ liefert $\dfrac{y+1}{x+2} = \dfrac{-1-10}{-2-3} = \dfrac{11}{5} = m_2; \quad y = \dfrac{11}{5} x + \dfrac{17}{5}$

2. Die Länge der drei Seiten

$\overline{P_1 P_2} = \sqrt{(x_1 - x_2)^2 + (y_1 - y_2)^2} = \sqrt{(-2-9)^2 + (-1-3)^2} = \sqrt{121 + 16} = 11,7$

$\overline{P_2 P_3} = \sqrt{85} \doteq 9,2$

$\overline{P_1 P_3} = \sqrt{146} = 12,08.$

2*

3. Die Winkel des Dreiecks

Aus der Zeichnung erkennt man, daß $\operatorname{tg}\alpha = \dfrac{m_2 - m_3}{1 + m_2 \cdot m_3}$ ist, oder

$$\frac{(11/5) - (4/11)}{1 + (11/5)\cdot(4/11)} = \frac{101/55}{99/55} = \frac{101}{99}$$

$$
\begin{array}{rl}
\log 101 = & 2{,}00432 \\
- \log \ \ 99 = - & 1{,}99564 \\
\hline
\log \operatorname{tg}\alpha = & 10{,}00868 - 10 \\
\end{array}
$$

$$\alpha = 45^0 \ 34'$$

Aus m_1 und m_3 wird: $\operatorname{tg}\beta = 101/38$; $\beta = 69^0 \ 23'$

aus m_1 und m_2 wird: $\operatorname{tg}\gamma = 101/47$; $\gamma = 65^0 \ 3'$

Probe: $\alpha + \beta + \gamma = 180^0 \ 0'$.

4. Die Koordinaten der Seitenmitten

Bezeichnet man die Mittelpunkte mit $P_\mathrm{I} \ P_\mathrm{II} \ P_\mathrm{III}$ (sie liegen den Eckpunkten $P_1 \ P_2 \ P_3$ gegenüber), so ergeben sich für

P_I die Koordinaten $x_\mathrm{I} \ = (3+9)/2 = 6$; $y_\mathrm{I} = (10+3)/2 = 13/2$

P_II „ $x_\mathrm{II} \ = 1/2$; $y_\mathrm{II} = 9/2$

P_III „ $x_\mathrm{III} = 7/2$; $y_\mathrm{III} = 1$.

5. Die Koordinaten des Schwerpunktes S

$$x_s = \frac{x_1 + x_2 + x_3}{3} = \frac{-2 + 9 + 3}{3} = \frac{10}{3}$$

$$y_s = \frac{y_1 + y_2 + y_3}{3} = \frac{-1 + 3 + 10}{3} = 4.$$

6. Die Gleichungen der Mittellote

a) Mittellot auf $P_1 \ P_2$. Der Richtungsfaktor m des Mittellotes ist negativ reziprok zu m_3, also $= -11/4$. Man erhält somit, da die Koordinaten des Punktes P_III (7/2; 1) sind,

$$y - 1 = -(11/4)(x - 7/2); \quad y = -(11/4)\,x + 85/8$$

b) Mittellot auf $P_2 \ P_3$

$$y - 13/2 = -(1/m_1)(x - 6); \ m_1 = -7/6, \text{ also } y - 13/2 = (6/7)\,x - 36/7$$

$$y = (6/7)\,x + 19/14.$$

Für den Schnittpunkt M gilt

1. $y_M = -(11/4)\,x_M + 85/8$

2. $y_M = (6/7)\,x_M + 19/14$ und nach Gleichsetzen:

$$-(11/4)\,x_M + 85/8 = (6/7)\,x_M + 19/14$$

$$x_M = 519/202; \ y_M = 719/202.$$

7. Die Gleichungen der Höhen

a) Höhe von P_3

$$y - 10 = - (1/m_3) (x - 3) = - (11/4) (x - 3)$$
$$\mathbf{y = - (11/4)\ x + 73/4.}$$

b) Höhe von P_2

$$y - 3 = - (1/m_2) (x - 9) = - (5/11) (x - 9)$$
$$\mathbf{y = - (5/11)\ x + 78/11.}$$

Für den Höhenschnittpunkt H gilt

$$1.\quad y_H = - (11/4)\ x_H + 73/4$$
$$2.\quad y_H = - (5/11)\ x_H + 78/11$$
$$- (11/4)\ x_H + (5/11)\ x_H = 78/11 - 73/4$$
$$x_H = 491/101 \quad \text{(Einsetzen in 1.)} \quad y_H = 493/101.$$

8. Die Eulersche Gerade

Setzt man die Koordinaten von S und H in die 2-Punkte-Gleichung ein, so erhält man in

$$\frac{y - 4}{x - 10/3} = \frac{4 - 493/101}{10/3 - 491/101}$$

die Gleichung der Geraden SH. Wenn nun auch M auf dieser Geraden liegt, dann müssen die Koordinaten von M vorstehender Gleichung genügen. Setzt man also für die laufenden Koordinaten x und y der Gleichung die bestimmten von M (519/202, 719/202), so erhält man

$$\frac{719/202 - 4}{519/202 - 10/3} = \frac{4 - 493/101}{10/3 - 491/101}$$

und hieraus nach kurzer Rechnung

$$89/463 = 89/463$$

d. h. die 3 Punkte liegen auf einer Geraden. (Eulersche Gerade.)

12. Die Eulersche Gerade. Allgemeiner Beweis

Nach dem aus der Planimetrie bekannten Lehrsatz von Euler teilt der Schwerpunkt S die zwischen dem Mittelpunkt des Umkreises M und dem Höhenpunkt H liegende Strecke im Verhältnis von $1 : 2$. Um den Satz analytisch zu beweisen, ist eine kleine Umwandlung der Formel $x_S = \dfrac{x_M + \lambda\ x_H}{1 + \lambda}$ nötig. Man erhält dann für das Teilverhältnis

$$\lambda = \frac{x_S - x_M}{x_H - x_S}$$

und hieraus

$$\lambda = \frac{10/3 - 519/202}{491/101 - 10/3} = \frac{463}{926} = \frac{1}{2} \text{ w. z. b. w.}$$

Soll der Beweis des Satzes von Euler allgemein geführt werden, so läßt sich bei geschickter Wahl des Achsensystems die sonst umständliche Rechnung wesentlich vereinfachen. Es empfiehlt sich, das Dreieck in folgender Weise darzustellen (s. Abb. 13):

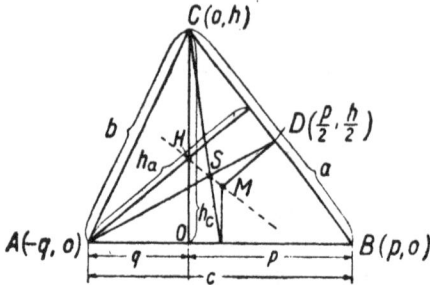

Aus derselben folgt:

1. Richtungsfaktor von BC:

$m_1 = -h_c/p$ und hieraus

2. Richtungsfaktor von h_a:

$m_h = p/h_c$

3. Gleichung der Höhe h_c:

$x = 0$

4. Gleichung der Höhe h_a:

$y = (p/h_c)\,(x + q)$.

Abb. 13.

Aus 3. und 4. erhält man $y_H = (p \cdot q)/h_c$ und $x_H = 0$ (Koordinaten von H).

5. Für den Schwerpunkt S gilt

$$x_s = (-q + p + 0)/3 = (p - q)/3 \left.\right\}$$
$$y_s = (0 + 0 + h_c)/3\ \ = h_c/3 \left.\right\} \text{Koordinaten von } S.$$

6. Gleichung des Mittellotes auf BC: $y - h_c/2 = (p/h_c)\,(x - p/2)$

7. Gleichung des Mittellotes auf AB: $x = (p - q)/2$.

Aus 6. und 7. erhält man für die Koordinaten des Schnittpunktes M der Lote unter Weglassung des Index bei h_c

$$x_M = (p - q)/2; \ y_M = (h^2 - p\,q)/(2\,h).$$

8. Aus $H\,(0,\,p\,q/h)$, $S\,[(p - q)/3,\,h/3]$ und $M\,[(p - q)/2,\,(h^2 - p\,q)/(2\,h)]$ läßt sich leicht mit Hilfe der 2-Punkte-Gleichung die Bedingung ableiten, daß H, S, M auf einer Geraden liegen. Die Gleichung

$$\frac{(h^2 - p\,q)/(2\,h) - p\,q/h}{(p - q)/2 - 0} = \frac{p\,q/h - h/3}{0 - (p - q)/3}$$

liefert nach Vereinfachung $\dfrac{h^2 - 3\,p\,q}{h\,(p - q)} = \dfrac{h^2 - 3\,p\,q}{h\,(p - q)}$.

9. Da $\lambda = \dfrac{x_S - x_M}{x_H - x_S}$ ist, so erhält man nach Einsetzen

$$\lambda = \frac{(p - q)/3 - (p - q)/2}{0 - (p - q)/3} = \frac{-(p - q)/6}{-(p - q)/3} = \frac{1}{2}.$$

13. Die Normalform von Hesse und ihre Anwendung

Man bringe die Gerade $3x + 4y - 15 = 0$ auf die Normalform von Hesse! Vergleicht man $3x + 4y - 15 = 0$ mit der Normalform $x \cdot \cos\varphi + y \sin\varphi - d = 0$, so liegt der Trugschluß nahe: $\cos\varphi = 3$, $\sin\varphi = 4$, $d = 15$.

Offenbar wird man also, da $\sin \varphi$ und $\cos \varphi$ nicht größer als 1 sein können, erst beide Seiten der Gleichung durch einen noch unbestimmten Faktor (er sei mit r bezeichnet) dividieren müssen, so daß man dann

$$x \cdot \frac{3}{r} + y \cdot \frac{4}{r} - \frac{15}{r} = 0$$

erhält. Nun ist zu beachten, daß $3/r$ und $4/r$ Cosinus- bzw. Sinuszahl desselben Winkels sein müssen. Da aber, wie aus der Trigonometrie bekannt, $\cos^2 \varphi + \sin^2 \varphi = 1$ ist, so muß auch $(3/r)^2 + (4/r)^2 = 1$ sein. Hieraus folgt $r^2 = 25$; $r = \underset{(-)}{+} 5$. Daher ist $(3/5)\,x + (4/5)\,y - 3 = 0$ das gesuchte Ergebnis.

Ist also allgemein die Gerade $A x + B y + C = 0$ auf die Normalform zu bringen, so erhält man ebenso wie vorher:

1. $$\frac{A}{r} \cdot x + \frac{B}{r}\,y + \frac{C}{r} = 0$$

2. $$r^2 = A^2 + B^2 \quad \text{und daher}$$

$$\frac{A\,x}{\pm \sqrt{A^2 + B^2}} + \frac{B\,y}{\pm \sqrt{A^2 + B^2}} + \frac{C}{\pm \sqrt{A^2 + B^2}} = 0.$$

Die Entscheidung über die Wahl des Vorzeichens muß so getroffen werden, daß C stets negativ bleibt.

Die Bedeutung der Normalform besteht darin, daß sie es ermöglicht, den Abstand e eines Punktes $P_1\,(x_1, y_1)$ von einer gegebenen Geraden zu bestimmen. Um ihn zu berechnen, ziehe man durch den gegebenen Punkt P_1 eine Parallele zu der gegebenen Geraden

$$x \cos \varphi + y \sin \varphi - d = 0.$$

Hierbei sind drei verschiedene Fälle zu beachten (s. Abb. 14):

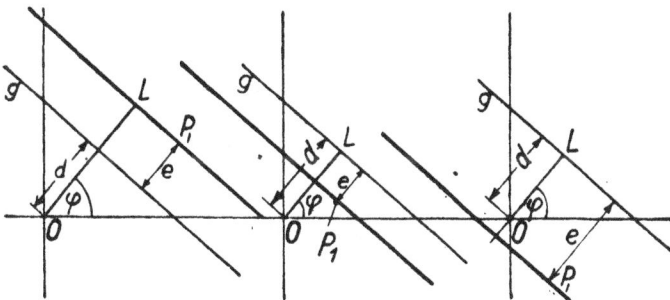

Abb. 14.

Die Gleichung der Parallelen durch P_1 ist im

1. Falle: $x \cos \varphi + y \sin \varphi - (d + e) = 0$
2.   „   : $x \cos \varphi + y \sin \varphi - (d - e) = 0$
3.   „   : $x \cos (2 \cdot 90^0 + \varphi) + y \sin (2 \cdot 90^0 + \varphi) - (e - d) = 0$
    oder $- x \cos \varphi - y \sin \varphi - (e - d) = 0$.

Aus der ersten Gleichung erhält man durch Einsetzen der Koordinaten von P_1:

$$e = x_1 \cos \varphi + y_1 \sin \varphi - d;$$

aus 2. und 3.

$$e = - (x_1 \cos \varphi + y_1 \sin \varphi - d).$$

Um nun für den Abstand eines Punktes $P_1(x_1, y_1)$ von einer gegebenen Geraden nur eine Formel zu erhalten, setzt man fest: dieser Abstand e soll stets bestimmt werden durch die Gleichung:

$$e = x_1 \cos \varphi + y_1 \sin \varphi - d.$$

Der Abstand e wird also positiv genommen, wenn der Punkt P_1, vom Nullpunkt gesehen, jenseits der Geraden g liegt, negativ dagegen, wenn er mit dem Nullpunkt auf derselben Seite der Geraden liegt.

Man erhält also hiernach den Abstand eines Punktes von einer Geraden, wenn man die Gerade auf die Normalform bringt und für die laufenden Koordinaten x und y die bestimmten x_1 und y_1 des Punktes P_1 setzt.

1. Beispiel: Welche Abstände e_1 und e_2 haben die Punkte $P_1(5, 3)$ und $P_2(-2, -1)$ von der Geraden

$$3x + 4y - 12 = 0.$$

Da $r = \sqrt{9 + 16} = 5$ ist, und hier die Wurzel positiv zu nehmen ist, so lautet die Normalform

$$(3/5)\, x + (4/5)\, y - 12/5 = 0.$$

Daher ist

1. $e_1 = (3/5) \cdot 5 + (4/5) \cdot 3 - 12/5 = 3$

2. $e_2 = (3/5) \cdot (-2) + (4/5) \cdot (-1) - 12/5 = -2\,2/5.$

e_1 liegt jenseits, e_2 (da negativ) diesseits der Geraden.

2. Beispiel: Man suche die 3. und 4. Ecke des Quadrats über der Seite $P_1(4, 5)$; $P_2(6, 7)$.

Die gesuchten Ecken liegen auf den im Abstand $\overline{P_1 P_2}$ zu der Geraden $P_1 P_2$ beiderseits gezogenen Parallelen; der zweite geometrische Ort ist das in P_1 und P_2 errichtete Lot. Dieser Gedankengang ergibt folgende Lösung:

1. Bestimmung der Gleichung der Geraden $P_1 P_2$:

$$(y - 5)/(x - 4) = (5 - 7)/(4 - 6) = 1$$
$$- x + y - 1 = 0.$$

2. Bestimmung der Strecke $\overline{P_1 P_2}$:

$$e = \sqrt{(x_1 - x_2)^2 + (y_1 - y_2)^2} = \sqrt{4 + 4} = 2\sqrt{2}.$$

Bringt man die unter 1. entwickelte Gleichung $- x + y - 1 = 0$ auf die Normalform von Hesse, so erhält man, da $r = \sqrt{2}$ ist

$$- x/\sqrt{2} + y/\sqrt{2} - 1/\sqrt{2} = 0,$$

wo $1/\sqrt{2}$ der Abstand der Geraden vom Nullpunkt ist. Für die im Abstand $e = \pm 2\sqrt{2}$ gezogenen Parallelen gilt:

1. $- x/\sqrt{2} + y/\sqrt{2} - (1/\sqrt{2} + 2\sqrt{2}) = 0$ und

2. $- x/\sqrt{2} + y/\sqrt{2} - (1/\sqrt{2} - 2\sqrt{2}) = 0$ (s. allgem. Entw.)

oder

1. $- x + y - 5 = 0$, also $y = x + 5$

2. $- x + y + 3 = 0$, also $y = x - 3$.

Der Schnitt dieser Geraden mit den in P_1 und P_2 errichteten Loten liefert:

$$P_3 (2, 7) \quad \text{oder} \quad P_3{}' (6, 3)$$
$$P_4 (4, 9) \quad \text{,,} \quad P_4{}' (8, 5).$$

14. Bestimmung der Halbierungslinie eines Winkels mit Hilfe der Normalform von Hesse

Die Gleichungen der Geraden l_1 und l_2 seien in der Normalform gegeben:

$$l_1(x, y) \equiv x \cos \varphi_1 + y \sin \varphi_1 - d_1 = 0,$$
$$l_2(x, y) \equiv x \cos \varphi_2 + y \sin \varphi_2 - d_2 = 0.$$

Es soll die Halbierungslinie des Winkels bestimmt werden, zwischen dessen Schenkeln der Nullpunkt liegt. Ist $P_1 (x_1\, y_1)$ ein Punkt derselben, so sind seine Abstände e_1 und e_2 von l_1 und l_2 gleich und haben auch, da P_1 in bezug auf beide Geraden auf derselben Seite liegt, gleiches Vorzeichen. Für jeden Punkt der Winkelhalbierungslinie muß also die Gleichung bestehen:

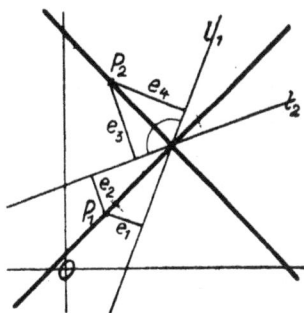

Abb. 15.

$$e_1 = e_2$$
$$x \cos \varphi_1 + y \sin \varphi_1 - d_1 = x \cos \varphi_2 + y \sin \varphi_2 - d_2.$$

(Die bestimmten Koordinaten x_1 und y_1 sind hier schon durch die laufenden x und y ersetzt.) Man erhält als Gleichung der Winkelhalbierungslinie:

$$x (\cos \varphi_1 - \cos \varphi_2) + y (\sin \varphi_1 - \sin \varphi_2) - (d_1 - d_2) = 0.$$

In der gleichen Weise findet man die Halbierungslinie des Neben-winkels. Ist P_2 ein Punkt dieser Linie, so ist e_3 positiv, e_4 dagegen negativ zu nehmen, da P_2, vom Nullpunkt gesehen, jenseits von l_2, bei l_1 diesseits von l_1 liegt. Man erhält somit

$$e_3 = - e_4$$
$$e_3 + e_4 = 0$$

oder

$$x (\cos \varphi_1 + \cos \varphi_2) + y (\sin \varphi_1 + \sin \varphi_2) - (d_1 + d_2) = 0.$$

Beispiel. Gegeben sind die beiden Geraden:

1. $4x - 3y + 7 = 0$,

2. $15x + 8y - 1 = 0$.

Wie lauten die Gleichungen der Winkelhalbierungslinien?

Bringt man die Geraden auf die Normalform, so erhält man, da für 1. $r = -\sqrt{25} = -5$, für 2. $r = +\sqrt{289} = +17$ ist

1. $-(4/5)\,x + (3/5)\,y - 7/5 = 0$

2. $(15/17)\,x + (8/17)\,y - 1/17 = 0$.

Es ist also $\cos\varphi_1 = -4/5;\ \sin\varphi_1 = 3/5;\ d_1 = 7/5$

$\cos\varphi_2 = 15/17;\ \sin\varphi_2 = 8/17;\ d_2 = 1/17$.

Setzt man diese Werte in die beiden entwickelten Gleichungen ein, so wird

$$x\,(-4/5 - 15/17) + y\,(3/5 - 8/17) - (7/5 - 1/17) = 0 \quad \text{oder}$$
$$143\,x - 11\,y + 114 = 0$$
$$x\,(-4/5 + 15/17) + y\,(3/5 + 8/17) - (7/5 + 1/17) = 0$$
$$7\,x + 91\,y - 124 = 0.$$

Weise nach, daß die beiden Geraden aufeinander senkrecht stehen!

15. Weitere Beispiele zur Anwendung der Normalform

1. Berechne den Abstand der beiden Parallelen

1. $3\,x + 4\,y - 15 = 0$

2. $3\,x + 4\,y + 35 = 0$.

Bringt man die beiden Geraden auf die Normalform, so erhält man

1. $(3/5)\,x + (4/5)\,y - 3 = 0$

2. $-(3/5)\,x - (4/5)\,y - 7 = 0$.

Bei 2. ist r negativ zu wählen, damit das konstante Glied (7) negativ wird. Da bei dieser Geraden $\cos\varphi = -3/5$ und $\sin\varphi = -4/5$ ist, so muß die Gerade durch den dritten Quadranten laufen. Für den Abstand d beider Parallelen erhält man somit $d = 3 + 7 = 10$ (Zeichnung).

2. Durch den Punkt P_1 (5, 5/2) ist eine Gerade zu ziehen, die vom Nullpunkt die Entfernung $d = 5$ hat.

Es sei die Gleichung der Geraden

$$x \cdot \cos\varphi + y \cdot \sin\varphi - d = 0.$$

Da diese durch den Punkt P_1 (5, 5/2) geht und vom Nullpunkt den Abstand $d = 5$ hat, so erhält man

1. $5\cos\varphi + (5/2)\sin\varphi - 5 = 0$.

Hier ist φ noch unbekannt, aber es ist: 2. $\sin^2\varphi + \cos^2\varphi = 1$.

Aus 1. wird: $\cos\varphi = 1 - (1/2)\sin\varphi$ oder

1. $\cos^2\varphi = 1 - \sin\varphi + (1/4)\sin^2\varphi$

2. $\cos^2\varphi = 1 - \sin^2\varphi$, also:

3. $1 - \sin\varphi + (1/4)\sin^2\varphi = 1 - \sin^2\varphi$ oder $(5/4)\sin^2\varphi - \sin\varphi = 0$

$\sin\varphi \cdot [(5/4)\sin\varphi - 1] = 0$, daraus $\sin\varphi_1 = 0$ (Erkläre den Wert φ_1!)

$\sin\varphi_2 = 4/5$.

4. $\cos^2\varphi = 1 - \sin^2\varphi = 1 - 16/25$

$\cos\varphi = 3/5$.

Man erhält somit als Gleichung der Geraden $(3/5)\,x + (4/5)\,y - 5 = 0$ oder
$$3\,x + 4\,y - 25 = 0.$$

3. Durch den Punkt P_1 (11, 3) ist eine Gerade zu ziehen, die von dem Punkt P_2 (9, — 8) den Abstand $d = 5$ habe.

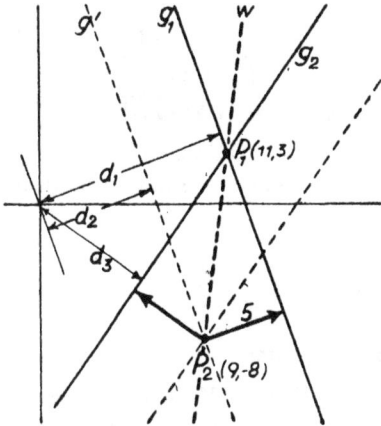

Abb. 16.

Es sei allgemein die Gleichung der durch P_1 gehenden Geraden
$$x \cos \varphi + y \sin \varphi - d_1 = 0$$
und, da sie durch den Punkt P_1 geht,
$$11 \cos \varphi + 3 \sin \varphi = d_1.$$
Für die im Abstande $d = 5$ durch P_2 gezogene Parallele g' erhält man entsprechend
$$9 \cos \varphi - 8 \sin \varphi = d_2.$$
Durch Subtraktion erhält man
$$(11 - 9) \cos \varphi + (3 + 8) \sin \varphi = d_1 - d_2$$
oder

1. $2 \cos \varphi + 11 \sin \varphi = 5.$

Aus dieser Gleichung und aus

2. $\sin^2 \varphi + \cos^2 \varphi = 1$ erhält man

3. $125 \sin^2 \varphi - 110 \sin \varphi + 21 = 0$

$$\sin \varphi = 11/25 \pm 4/25 \text{ also: } \sin \varphi_1 = 7/25; \quad \cos \varphi_1 = 24/25$$
$$\sin \varphi_2 = 3/5; \quad \cos \varphi_2 = 4/5.$$

Die Zeichnung bestätigt das durch Rechnung gewonnene Ergebnis, daß der Bedingung der Aufgabe zwei Gerade genügen. Man erhält nun leicht nach Bestimmung von d_1 bzw. d_3

1. $(24/25)\,x_1 + (7/25)\,y_1 - d_1 = 0$ oder $(24/25) \cdot 11 + (7/25) \cdot 3 = d_1 = 285/25$, also
$$24\,x + 7\,y - 285 = 0$$

2. $(4/5)\,x_1 - (3/5)\,y_1 - d_3 = 0$ oder $(4/5) \cdot 11 - (3/5) \cdot 3 = d_3 = 7$, also
$$4\,x - 3\,y - 35 = 0.$$

Anmerkung: Aus der Abb. 17 ist leicht zu folgern, daß P_2 ein Punkt der Winkelhalbierungslinie des von den Geraden g_1 und g_2 gebildeten Winkels ist.

1.   Gleichung der Winkelhalbierungslinie $P_1\,P_2$
$$y - 3 = (11/2)\,(x - 11).$$

2.   Entfernung $P_1\,P_2$
$$e = \sqrt{4 + 121} = 5 \sqrt{5}\,.$$

Man erhält somit
$$\sin (\alpha/2) = 5/e = 5/(5 \sqrt{5}\,) = 1/\sqrt{5}$$

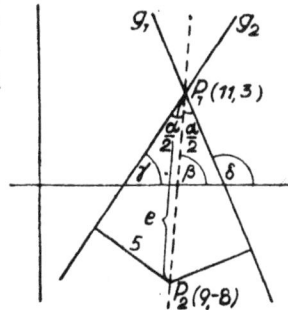

Abb. 17.

und daraus

3. $\operatorname{tg}(\alpha/2) = \dfrac{\sin(\alpha/2)}{\cos(\alpha/2)} = \dfrac{\sin(\alpha/2)}{\sqrt{1-\sin^2(\alpha/2)}} \doteq \dfrac{1/\sqrt{5}}{\sqrt{1-1/5}} = \dfrac{1}{2}\,.$

Nun ist, wie aus Abb. 17 ersichtlich:

4. $\gamma = \beta - \alpha/2;\quad \operatorname{tg}\gamma = m_2 = \dfrac{\operatorname{tg}\beta - \operatorname{tg}(\alpha/2)}{1 + \operatorname{tg}\beta \cdot \operatorname{tg}(\alpha/2)} = \dfrac{11/2 - 1/2}{1 + (11/2)\cdot 1/2} = 4/3$

5. $\delta = \alpha/2 + \beta;\quad \operatorname{tg}\delta = m_1 = \dfrac{\operatorname{tg}(\alpha/2) + \operatorname{tg}\beta}{1 - \operatorname{tg}(\alpha/2)\cdot \operatorname{tg}\beta} = \dfrac{1/2 + 11/2}{1 - (1/2)\cdot 11/2} = -24/7.$

Die Gleichungen von g_1 und g_2 sind jetzt leicht zu bestimmen.
Löse Aufg. 3 auch nach dem auf S. 128, Aufg. 13 angegebenen Verfahren

Der Kreis

1. Gleichung des zentrischen Kreises

Bewegt sich ein Punkt auf dem zentrischen Kreise (M im Koordinatenanfangspunkt) mit dem Radius r, so gilt für jeden Punkt P der Peripherie die Gleichung
$$x^2 + y^2 = r^2.$$

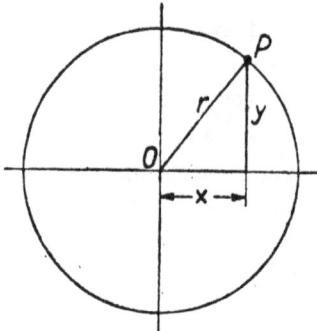

Abb. 18.

1. Beispiel: Wie lautet die Gleichung des zentrischen Kreises, der durch den Punkt $P_1(-8,-6)$ geht? Die Gleichung des gesuchten Kreises sei $x^2 + y^2 = r^2$. Hier ist r unbekannt. Da aber P_1 auf diesem Kreise liegen soll, so muß sein:
$$x_1^2 + y_1^2 = r^2$$
$$(-8)^2 + (-6)^2 = r^2$$
$$r^2 = 100$$

Daher ist die gesuchte Gleichung:
$$x^2 + y^2 = 100.$$

2. Beispiel: Bestimme die Gleichung des zentrischen Kreises, der die Gerade $5x + 10y - 25 = 0$ berührt!

Der Radius des gesuchten Kreises muß gleich dem Abstande der gegebenen Geraden von 0 sein. Bringt man diese auf die Normalform von Hesse, so erhält man aus:
$$5x + 10y - 25 = 0$$
$$\frac{5x}{\sqrt{5^2+10^2}} + \frac{10y}{\sqrt{5^2+10^2}} - \frac{25}{\sqrt{5^2+10^2}} = 0.$$

Da der Abstand $d = 25/\sqrt{125} = \sqrt{5}$ ist, so erhält man die Gleichung des gesuchten Kreises
$$x^2 + y^2 = 5.$$

2. Kreis und Gerade

Gegeben ist der Kreis

1. $x^2 + y^2 = r^2$ und die Gerade

2. $\qquad y = mx + n$.

Die Koordinaten der Schnittpunkte sind zu berechnen. Aus $y = mx + n$ erhält man $y^2 = m^2 x^2 + 2mnx + n^2$. Setzt man diesen Wert in 1. ein, so ist

3. $x^2 + m^2 x^2 + 2mnx + n^2 = r^2$

$$x^2(1 + m^2) + 2mnx + n^2 - r^2 = 0$$

$$x^2 + \frac{2mn}{1+m^2} \cdot x = \frac{r^2 - n^2}{1+m^2}$$

Abb. 19.

oder

$$x_s = -\frac{mn}{1+m^2} \pm \sqrt{\frac{m^2 n^2 + (r^2 - n^2)(1+m^2)}{(1+m^2)^2}}$$

$$= -\frac{mn}{1+m^2} \pm \frac{1}{1+m^2}\sqrt{m^2 n^2 + r^2 - n^2 + r^2 m^2 - m^2 n^2}$$

$$x_s = -\frac{mn}{1+m^2} \pm \frac{1}{1+m^2}\sqrt{r^2(1+m^2) - n^2}.$$

Ebenso erhält man für:

$$y_s = \frac{n}{1+m^2} \pm \frac{m}{1+m^2}\sqrt{r^2(1+m^2) - n^2}.$$

Wird der Wurzelausdruck $r^2(1+m^2) - n^2 = 0$, ist also $r^2(1+m^2) = n^2$, dann erhält man für $x_s = -\dfrac{mn}{1+m^2}$ und $y_s = \dfrac{n}{1+m^2}$ nur einen Wert, d. h. zwei zusammenfallende Schnittpunkte der Geraden mit dem Kreise. Die Gerade ist Tangente, und der Fall tritt ein, wenn zwischen r, m und n die soeben abgeleitete Beziehung besteht.
Ist $r^2(1+m^2) > n^2$, dann ergibt die Rechnung zwei reelle Werte für x_s bzw. y_s, man erhält also zwei Schnittpunkte. Die Gerade ist Sekante des Kreises.
Ist dagegen $r^2(1+m^2) < n^2$, dann ist das Ergebnis eine komplexe Zahl. Man erhält keinen Schnittpunkt, die Gerade verläuft außerhalb des Kreises.
Die Betrachtung des Wurzelausdrucks, die **Diskussion der Diskriminante**, ergibt also drei verschiedene Fälle (s. Abb. 19):

1. $\qquad r^2(1+m^2) > n^2$ (zwei Schnittpunkte, Sekante),

2. $\qquad r^2(1+m^2) = n^2$ (eine reelle Lösung, **Tangente**),

3. $\qquad r^2(1+m^2) < n^2$ (keine reelle Lösung).

Die in $r^2(1+m^2) = n^2$ abgeleitete Tangentenbedingung für den zentrischen Kreis wird uns für viele Aufgaben wertvolle Dienste leisten. In ähnlicher

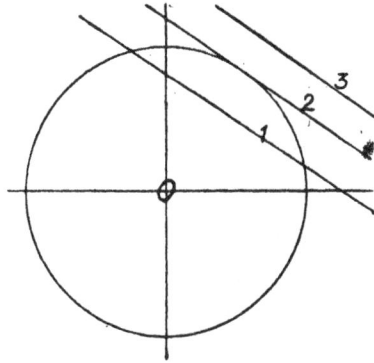

Weise wird die Bedingung später auch für den nicht zentrischen Kreis abgeleitet.

Untersuche die Lage der Geraden $y = -3x + 12$ zu dem Kreise $x^2 + y^2 = 10$!

Es ist $r^2 = 10$; $m = -3$; $n = 12$. Infolgedessen erhält man nach Einsetzen dieser Werte in die Diskriminante $10(1 + 9) < 144$, also keine Schnittpunkte.

3. Kreis und Tangente

Das Ziel der nachfolgenden Rechnung ist, die Gleichung der Geraden zu finden, welche einen gegebenen Kreis in einem gegebenen Punkte $P_1\,(x_1, y_1)$ berührt. Für den zentrischen Kreis gestaltet sich die Rechnung einfach, da das in $P_1\,(x_1, y_1)$ errichtete Lot (Normale genannt) durch den Nullpunkt geht.

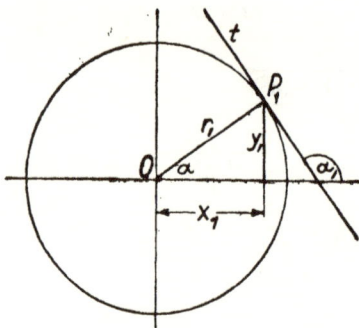

Abb. 20.

1. Ableitung. Da $\operatorname{tg} \alpha = y_1/x_1$ ist, so erhält man als Gleichung der Normalen

$$y = \frac{y_1}{x_1} \cdot x.$$

Mithin gilt für die zugehörige Tangente

$$m_t = -\frac{1}{m_n} = -\frac{x_1}{y_1}.$$

Man erhält also als Gleichung der Tangente:

$$y - y_1 = -\frac{x_1}{y_1}\,(x - x_1)$$

oder $\quad y\,y_1 - y_1{}^2 = -x\,x_1 + x_1{}^2;\ y\,y_1 + x\,x_1 = x_1{}^2 + y_1{}^2 = r^2$

$$x\,x_1 + y\,y_1 = r^2.$$

2. Ableitung. Aus $x^2 + y^2 = r^2$ erhält man durch Differentiation

$$2x \cdot dx + 2y\,dy = 0$$
$$2y \cdot dy = -2x\,dx$$

$$\operatorname{tg} \alpha_1 = m_t = \frac{dy}{dx} = -\frac{x}{y} = -\frac{x_1}{y_1}\ \text{usw.}$$

1. Beispiel: Wo schneiden einander die in den Punkten $P_1\,(3, 4)$ und $P_2\,(4, -3)$ an den Kreis $x^2 + y^2 = 25$ gelegten Tangenten t_1 und t_2? Unter welchem Winkel schneiden sie einander?

$$t_1 \equiv 3x + 4y = 25,$$
$$t_2 \equiv 4x - 3y = 25.$$

Für den Schnittpunkt S gilt also:

$$3x_s + 4y_s = 25 \text{ aus } t_1, \text{ und } 4x_s - 3y_s = 25 \text{ aus } t_2$$
$$\text{somit wird: } 25\,x_s = 175;\ x_s = 7;\ y_s = 1.$$

Nach Umformung erhält man

$$t_1 \equiv y = -(3/4)\,x + 25/4 \text{ also } m_1 = -3/4$$
$$t_2 \equiv y = (4/3)\,x - 25/3 \text{ also } m_2 = 4/3.$$

Da die Richtungsfaktoren m_1 und m_2 negativ reziprok zueinander sind, so müssen die Tangenten senkrecht aufeinander stehen.

2. **Beispiel:** Von dem Punkte P_1 $(1, -8)$ sollen die Tangenten an den Kreis $x^2 + y^2 = 52$ gelegt werden.

Es sei $y = mx + n$ die Gleichung der Tangente. Da der Punkt P_1 $(1, -8)$ auf dieser Geraden liegt, so muß sein

1. $\qquad\qquad\qquad -8 = 1 \cdot m + n.$

Vorstehende Gleichung bietet im Verein mit der Tangentenbedingung

2. $\qquad\qquad\qquad r^2 (1 + m^2) = n^2$

die Möglichkeit, die unbekannten Größen m und n zu bestimmen. Aus 1. folgt

$$n = -8 - m.$$

Nach Einsetzen in 2. erhält man:

$52 (1 + m^2) = (-8 - m)^2$, also $52 + 52\,m^2 = 64 + 16\,m + m^2$ oder
$51\,m^2 - 16\,m = 12$

$$m = 8/51 \pm \sqrt{676/51^2} \text{ daraus:}$$
$$m_1 = 2/3;\ m_2 = -6/17$$
$$n_1 = -26/3;\ n_2 = -130/17$$

Setzt man diese Werte in die allgemeine Gleichung $y = mx + n$ ein, so erhält man

$$t_1 = y = (2/3) \cdot x - 26/3;\ t_2 = y = -(6/17) \cdot x - 130/17$$

4. Allgemeine Gleichung des Kreises

Beschreibt man um den Punkt M (a, b) einen Kreis mit dem Radius r, so gilt für jeden Punkt P des Kreises die aus dem Dreieck MAP leicht abzuleitende Beziehung

$$(x - a)^2 + (y - b)^2 = r^2$$
die **allgemeine Kreisgleichung.**

Sonderfall:

1. Ist $a = 0$ und $b = 0$, so erhält man in $x^2 + y^2 = r^2$ die Mittelpunktsgleichung.

2. Liegt der Mittelpunkt auf der x-Achse und berührt der Kreis die y-Achse, so ist $b = 0$ und $a = r$; man erhält also in

Abb. 21.

$$(x - r)^2 + y^2 = r^2 \text{ oder } x^2 - 2rx + r^2 + y^2 = r^2$$
$$y^2 = 2rx - x^2 \text{ die Scheitelgleichung des Kreises.}$$

3. Aus der allgemeinen Gleichung des Kreises $(x - a)^2 + (y - b)^2 = r^2$ erhält man nach Auflösen der Klammern

$$x^2 - 2ax + a^2 + y^2 - 2by + b^2 - r^2 = 0 \text{ oder}$$
$$x^2 + y^2 - 2ax - 2by + a^2 + b^2 - r^2 = 0.$$

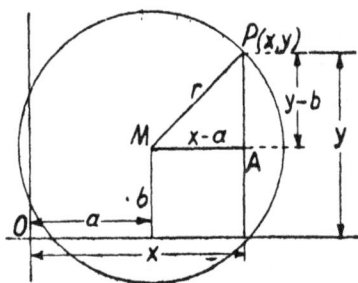

Wir erkennen, daß in der Gleichung beide Variablen vom 2. Grade sind und gleiche Koeffizienten und Vorzeichen haben. Umgekehrt läßt sich leicht zeigen, daß jede Gleichung zwischen zwei Veränderlichen, in der die quadratischen Glieder gleiche Vorzeichen und Koeffizienten haben und in der das Produkt xy fehlt, einen Kreis darstellt. Auf den Fall, daß die Gleichung überhaupt keine geometrische Deutung zuläßt, soll erst später eingegangen werden.

Die Gleichung nach 3. besitzt neben den quadratischen Gliedern x^2 und y^2 mit den Koeffizienten 1 auch die linearen x und y und die Konstanten $a^2 + b^2 - r^2$. Man kann ihr also die Form geben:

$$x^2 + y^2 + Ax + By + C = 0$$

Durch Hinzufügen der quadratischen Ergänzungen $A^2/4$ und $B^2/4$ entsteht

$$\left(x + \frac{A}{2}\right)^2 + \left(y + \frac{B}{2}\right)^2 = \frac{A^2 + B^2 - 4C}{4}.$$

Das ist die Gleichung eines Kreises mit den Mittelpunktskoordinaten $-A/2$ und $-B/2$ und dem Radius $r = (1/2)\sqrt{A^2 + B^2 - 4C}$.

Diskussion des Ausdrucks $r = (1/2)\sqrt{A^2 + B^2 - 4C}$

1. Ist $A^2 + B^2 > 4C$, dann stellt die Gleichung einen Kreis dar.
2. Ist $A^2 + B^2 = 4C$, dann entartet der Kreis zum Punkt.
3. Ist $A^2 + B^2 < 4C$, dann hat die Gleichung keine geometrische Bedeutung.

Anmerkung: Ist $Ax^2 + Ay^2 + Bx + Cy + D = 0$ die Form der Gleichung (die Koeffizienten der quadratischen Glieder seien also nicht 1, sondern A), dann ist vor dem Bilden der quadratischen Ergänzung die Gleichung durch A zu dividieren.

1. Beispiel: Wie lautet die Gleichung des Kreises, dessen Mittelpunkt die Koordinaten 3 und 4 hat und dessen Radius $r = 15$ beträgt?

Aus $\qquad (x - a)^2 + (y - b)^2 = r^2$

folgt $\qquad (x - 3)^2 + (y - 4)^2 = 225$

oder $\qquad x^2 - 6x + 9 + y^2 - 8y + 16 = 225$

$\qquad\qquad x^2 - 6x + y^2 - 8y \qquad\quad = 200.$

Anmerkung: Liegt umgekehrt eine Kreisgleichung in der obenstehenden Form vor, so führt man sie durch Bilden der quadratischen Ergänzung auf die allgemeine Kreisgleichung zurück, wie man auch bei rückschreitender Betrachtung des obigen Beispiels leicht erkennen kann.

2. Beispiel: Zeichne den Kreis $2x^2 + 2y^2 + 10x + 3y - 12 = 0$.

Man erhält nach Division durch 2 und Bilden der quadratischen Ergänzung

$$x^2 + 5x + 25/4 + y^2 + (3/2)y + 9/16 = 6 + 25/4 + 9/16$$

$$(x + 5/2)^2 + (y + 3/4)^2 = 205/16$$

$$a = -5/2; \quad b = -3/4; \quad r = (1/4)\sqrt{205}.$$

Über Tangenten an den allgemeinen Kreis siehe Abschnitt über Koordinatentransformation S. 40 u. 41.

Für die schnelle Lösung vieler Aufgaben ist die Bedingung dafür, daß die Gerade $y = mx + n$ Tangente an den Kreis $(x - a)^2 + (y - b)^2 = r^2$ wird, wertvoll. Zur Entwicklung der Tangentenbedingung setzt man $y = mx + n$ in die Kreisgleichung ein. Man erhält dann

$$(1 + m^2) x^2 + 2 (mn - mb - a) \cdot x = r^2 - a^2 - b^2 - n^2 + 2nb$$

$$x^2 + \frac{2 (mn - mb - a)}{1 + m^2} \cdot x = \frac{r^2 - a^2 - b^2 - n^2 + 2nb}{1 + m^2}$$

$$x_i = -\frac{m \cdot n - mb - a}{1 + m^2} \pm$$

$$\pm \sqrt{\frac{(mn - mb - a)^2 + (r^2 - a^2 - b^2 - n^2 + 2nb)(1 + m^2)}{(1 + m^2)^2}} \, .$$

Zieht man den Nenner des Wurzelausdrucks vor die Wurzel und multipliziert die im Zähler stehenden Klammern aus, dann erhält man für die Diskriminante D unter Wegheben der vier Summanden $m^2 n^2$, $m^2 b^2$, a^2 und $2 m^2 nb$ nach entsprechendem Zusammenfassen:

$$D = r^2 (1 + m^2) + 2b (am + n) - (a^2 m^2 + 2amn + n^2) - b^2$$

$$= r^2 (1 + m^2) + 2b (am + n) - (am + n)^2 - b^2$$

$$= r^2 (1 + m^2) - [(am + n)^2 - 2b (am + n + b^2].$$

Da der Ausdruck in der Eckklammer das vollständige Quadrat eines zweigliedrigen Ausdrucks darstellt, so erhält man für die Diskriminante den vereinfachten Ausdruck

$$D = r^2 (1 + m^2) - [(am + n) - b]^2.$$

Die Diskussion der Diskriminante ergibt (vgl. S. 29) folgende drei Fälle:

1. $r^2 (1 + m^2) > [(am + n) - b]^2$ (zwei Schnittpunkte, Sekante),
2. $r^2 (1 + m^2) = [(am + n) - b]^2$ (eine reelle Lösung, **Tangente**),
3. $r^2 (1 + m^2) < [(am + n) - b]^2$ (keine reelle Lösung).

5. Zwei Kreise

Gesucht sind die Schnittpunkte der beiden Kreise:

1. $(x - a)^2 + (y - b)^2 = r_1^2$, 2. $(x - c)^2 + (y - d)^2 = r_2^2$.

Schreibt man die beiden Gleichungen in nachstehender Form:

1. $K_1 \equiv x^2 + y^2 - 2ax - 2by + P_1 = 0$,
2. $K_2 \equiv x^2 + y^2 - 2cx - 2dy + P_2 = 0$,

worin $\qquad P_1 = a^2 + b^2 - r_1^2$

und $\qquad P_2 = c^2 + d^2 - r_2^2$

ist, so erhält man nach Subtraktion die Gleichung ersten Grades,

3. $K_1 - K_2 \equiv 2x (a - c) + 2y (b - d) = P_1 - P_2$,

also $\qquad y = -\dfrac{a - c}{b - d} \cdot x + \dfrac{P_1 - P_2}{2 (b - d)}$.

Dies ist die Gleichung einer Geraden, die, da sie aus den beiden
anderen Gleichungen abgeleitet ist, die Gleichung einer durch die Schnittpunkte der Kreise gehenden Geraden darstellt. Es ist die Gleichung der
gemeinschaftlichen Sekante oder der Potenzlinie beider Kreise.

Was bedeutet nun diese Gleichung, wenn die Kreise einander nicht schneiden?
Die Antwort auf diese Frage gibt die Ortsaufgabe 18, S 109.

Demnach ist auch im Falle des Nichtschneidens beider Kreise die Gleichung 3., die der Potenzlinie oder, wie in der angegebenen Aufgabe dar-
gelegt, die der Linie gleicher Tangentenabschnitte. Aus den Eigenschaften
der Potenzlinie läßt sich noch eine weitere Folgerung ziehen. Legt man von
einem beliebigen Punkte P der Potenzlinie Tangenten an die Kreise und beschreibt man um P mit dem Tangentenabschnitt als Radius einen dritten
Kreis, so schneidet dieser, da Tangente und Berührungsradius senkrecht aufeinander stehen, die beiden Kreise rechtwinklig. Die Potenzlinie zweier Kreise
ist also der geometrische Ort für die Mittelpunkte aller Kreise, welche zwei
gegebene Kreise rechtwinklig schneiden.

1. Aufgabe. Beweise, daß Potenzlinie und Zentrale der beiden Kreise aufeinander senkrecht stehen.

2. Aufgabe: Welche Beziehung muß zwischen a, b, r_1 und c, d, r_2 zweier
Kreise herrschen, damit sich beide Kreise berühren?

Aus Abb. 22 erhält man bei äußerer Berührung beider Kreise die leicht
abzuleitende Beziehung:

$$(a - c)^2 + (b - d)^2 = (r_1 + r_2)^2.$$

3. Aufgabe: Beweise, daß bei innerer Berührung folgende Beziehung gilt:

$$(a - c)^2 + (b - d)^2 = (r_1 - r_2)^2$$

4. Aufgabe: Welche Beziehung muß zwischen den gegebenen Größen
(siehe 2. Aufgabe) herrschen, damit die beiden Kreise einander rechtwinklig schneiden?

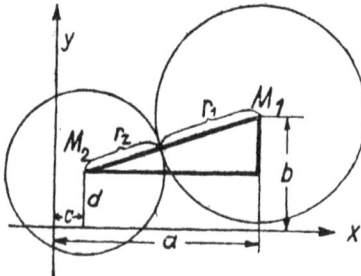
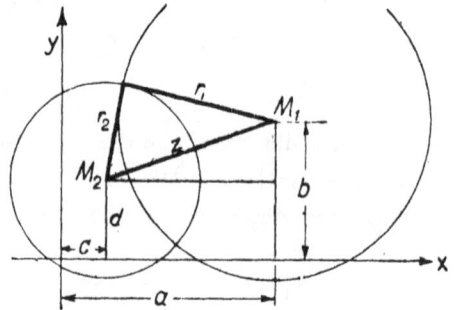

Abb. 22.   Abb. 23.

Wie aus Abb. 23 ersichtlich, ist

1. $$z^2 = r_1{}^2 + r_2{}^2,$$
2. $$z^2 = (a - c)^2 + (b - d)^2,$$
also $$(a - c)^2 + (b - d)^2 = r_1{}^2 + r_2{}^2.$$

Die in vorstehenden Aufgaben entwickelten Bedingungen bilden zusammen mit den Tangentenbedingungen wertvolle Hilfsmittel für die Lösung von schwierigeren Aufgaben aus der Kreislehre. Namentlich die Berührungsaufgaben des Apollonius (265—170 v. Chr.) können mit ihrer Hilfe auf analytischem Wege gelöst werden.

Anmerkung: Die Berührungsaufgabe des Apollonius verlangt, einen Kreis zu zeichnen, der drei gegebene Kreise berührt. Diese Aufgabe zerfällt, da jeder Kreis K zu einer Geraden L oder einem Punkt P entarten kann, in zehn besondere, je nachdem gegeben ist

a) $P_1\ P_2\ P_3$ f) $P_1\ K_2\ K_3$
b) $P_1\ P_2\ L_3$ g) $L_1\ L_2\ L_3$
c) $P_1\ P_2\ K_3$ h) $L_1\ L_2\ K_3$
d) $P_1\ L_2\ L_3$ i) $L_1\ K_2\ K_3$
e) $P_1\ L_2\ K_3$ k) $K_1\ K_2\ K_3$.

Einige von diesen Aufgaben sollen im folgenden näher betrachtet werden.

6. Weitere Aufgaben aus der Kreislehre

1. Bestimme die Gleichung des Kreises, der durch die Punkte P_1 (1, 2), P_2 (4, 1), P_3 (9, 6) geht.

Die gesuchte Gleichung sei $(x-a)^2 + (y-b)^2 = r^2$.

Soll nun der Kreis durch die drei gegebenen Punkte gehen, so müssen folgende drei Gleichungen bestehen:

1. $(1-a)^2 + (2-b)^2 = r^2$,
2. $(4-a)^2 + (1-b)^2 = r^2$,
3. $(9-a)^2 + (6-b)^2 = r^2$.

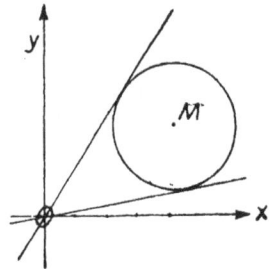

Abb. 24.

Aus diesen drei Gleichungen lassen sich die unbekannten Konstanten a, b und r berechnen. Man erhält $a = 4$; $b = 6$; $r = 5$ und nach Einsetzen in die allgemeine Kreisgleichung

$$(x-4)^2 + (y-6)^2 = 25.$$

2. Bestimme aus dem durch den Nullpunkt gehenden Strahlenbüschel $(y = mx)$ die Gleichungen der Geraden, die Tangenten des Kreises $(x-4)^2 + (y-3)^2 = 4$ sind!

Bringt man die Gerade $y = mx$ mit dem gegebenen Kreise zum Schnitt, so erhält man aus

1. $(x-4)^2 + (y-3)^2 = 4$ und
2. $y = mx$
        in $(x-4)^2 + (mx-3)^2 = 4$

eine quadratische Gleichung für x, deren Diskriminante, da die Geraden Tangenten sein sollen, zu 0 werden muß. Die Auflösung der Gleichung liefert die Werte:

$$x_s = \frac{3m+4}{1+m^2} \pm \frac{1}{1+m^2} \sqrt{(3m+4)^2 - 21(1+m^2)}$$

und für die Diskriminante die quadratische Gleichung für m

$$D = m^2 - 2m + 5/12 = 0$$

$$m_t = 1 \pm (1/6)\sqrt{21}.$$

Ergebnis:

$$t_1 \equiv y = [1 + (1/6)\sqrt{21}]\,x; \quad t_2 \equiv y = [1 - (1/6)\sqrt{21}]\,x.$$

3. Innerhalb des Kreises $x^2 - 6x + y^2 - 10y - 2 = 0$ liegt der Punkt $P(4, 2)$. Wie lautet die Gleichung der Sehne, die durch diesen Punkt halbiert wird (s. Abb. 25)?

Aus $x^2 - 6x + y^2 - 10y - 2 = 0$ folgt $(x - 3)^2 + (y - 5)^2 = 36$.

Verbindet man den Kreismittelpunkt $M(3, 5)$ mit $P(4, 2)$, so erhält man als Gleichung der Verbindungslinie $(y - 2)/(x - 4) = (2 - 5)/(4 - 3) = -3$. Da diese senkrecht auf der Sehne steht, so ist deren Gleichung bestimmt durch den gegebenen Punkt $P(4, 2)$ und den Richtungsfaktor $m_1 = 1/3$ (negativ reziprok zu m).

Ergebnis: $y - 2 = (1/3)(x - 4), \quad y = (1/3)\,x + 2/3.$

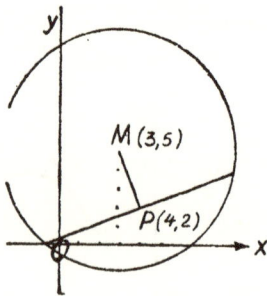

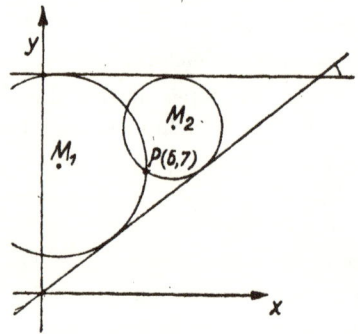

Abb. 25.   Abb. 26.

4. Wie lautet die Gleichung des Kreises, der von den Geraden $y = (3/4)\,x$ und $y = 12$ berührt wird und durch den Punkt $P(6, 7)$ geht?
Die beiden gegebenen Geraden sind Tangenten des gesuchten Kreises. Unter Anwendung der Tangentenbedingung für den allgemeinen Kreis

$$r^2(1 + m^2) = [(am + n) - b]^2$$

erhält man zur Bestimmung von a, b und r folgende drei Gleichungen:

1. $r^2(1 + 9/16) = [(3/4)\,a - b]^2$
2. $r^2(1 + 0) = (12 - b)^2$
3. $r^2 = (6 - a)^2 + (7 - b)^2.$

Zieht man aus 1. und 2. die Wurzeln, so ist

1. $(5/4)\,r = \pm[(3/4)\,a - b].$
2. $r = \pm(12 - b).$

Da b kleiner als 12 sein muß (s. Abb. 26) und r stets positiv zu nehmen ist, so ist für die weitere Rechnung bei 2. das positive Vorzeichen zu wählen. Warum ist bei 1. das negative Vorzeichen zu berücksichtigen?

Setzt man den aus 2. errechneten Wert $b = 12 - r$ in 1. ein, so erhält man

$$a = 16 - 3 r.$$

Aus 3. erhält man somit nach Einsetzen der Werte für a und b nachstehende quadratische Gleichung für r,

$$(-10 + 3 r)^2 + (-5 + r)^2 = r^2$$

oder $r^2 - (70/9) r + 125/9 = 0$, $r_1 = 5$; $r_2 = 25/9$. Weitere Rechnung leicht!

Ergebnis: 1. Kreis $\equiv (x - 1)^2 + (y - 7)^2 = 25$
                2. Kreis $\equiv (x - 23/3)^2 + (y - 83/9)^2 = (25/9)^2$.

5. Es ist ein Kreis zu beschreiben, der die beiden Kreise

$$K_1 \equiv x^2 - 20 x + y^2 - 8 y - 84 = 0$$
$$K_2 \equiv x^2 + 10 x + y^2 - 6 y + 18 = 0$$

rechtwinklig schneidet und durch den Punkt $P (2, -10)$ geht.

Zwei Kreise schneiden einander rechtwinklig, wenn

$$(a - c)^2 + (b - d)^2 = r_1^2 + r_2^2$$

ist. Unter Anwendung dieser Bedingung erhält man somit, wenn a, b und r_1 die Konstanten des gesuchten Kreises sind, die beiden Gleichungen

    1. $(a - 10)^2 + (b - 4)^2 = 200 + r_1^2,$
    2. $(a + 5)^2 + (b - 3)^2 = 18 + r_1^2.$

Hierzu tritt als dritte Gleichung, da der gesuchte Kreis durch den Punkt $P (2, -10)$ geht,

    3. $(2 - a)^2 + (-10 - b)^2 = r_1^2.$

Ergebnis: $a = -3$; $b = -5$; $r_1 = \sqrt{50}$.

Kreisgleichung: $(x + 3)^2 + (y + 5)^2 = 50$.

6. Wie lautet die Gleichung des Kreises, der den Kreis $(x - 2)^2 + y^2 = 1$ von außen und die y-Achse berührt und durch den Punkt $P (2, 5)$ geht?

Sind a, b und r die Konstanten des gesuchten Kreises, so erhält man unter Anwendung der Bedingung, daß zwei Kreise einander von außen berühren, folgende drei Gleichungen zur Bestimmung der gesuchten Konstanten:

    1. $(2 - a)^2 + b^2 = (1 + r)^2$ (Berührung von außen),
    2. $a = r$ (Kreis berührt die y-Achse),
    3. $(2 - a)^2 + (5 - b)^2 = r^2$ (Konstantenbeziehung der Kreise durch
                                     $P (2, 5)$).

Ergebnis: 1. Kreis $\equiv (x - 2)^2 + (y - 3)^2 = 4,$
                2. Kreis $\equiv (x - 122)^2 + (y - 27)^2 = 122^2$.

7. Von allen Kreisen, die die Achsen im Koordinatenanfangspunkt berühren, sollen die bestimmt werden, die gleichzeitig die Gerade $y = (3/4) x + 8$ berühren.

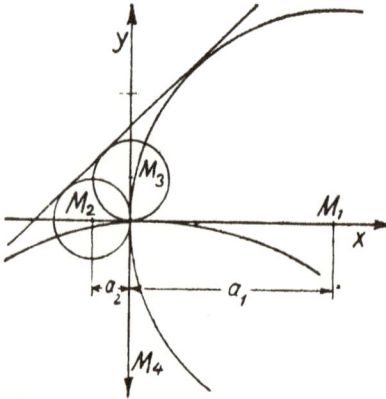

Abb. 27.

a) Der Mittelpunkt der gesuchten Kreise soll auf der x-Achse liegen. Für diese Kreise M_1 bzw. M_2 gilt allgemein (s. Abb. 27)

$$(x-a)^2 + y^2 = a^2.$$

Sie sollen die Gerade $y = (3/4)\,x + 8$ berühren.

Aus $(x-a)^2 + y^2 = a^2$

und $y = (3/4)\,x + 8$ erhält man

(s. Aufgabe 2) die quadratische Gleichung

$$x^2 - 2\,a\,x + a^2 + (9/16)\,x^2 + 12\,x + 64 = a^2$$

oder

$$x^2(1 + 9/16) - 2(a-6)\cdot x + 64 = 0,$$

deren Diskriminante $D = a^2 - 12\,a - 64$

zu Null werden muß, wenn eine Berührung zwischen Kreis und Gerade stattfinden soll.

Aus $a^2 - 12\,a - 64 = 0$ folgt $a_1 = 16$, $a_2 = -4$.

Ergebnis: 1. Kreis $= (x-16)^2 + y^2 = 16^2$

2. Kreis $= (x+4)^2 + y^2 = 16$.

Zusatz: Aus $(x-a)^2 + y^2 = a^2$ und $y = mx + n$ ist allgemein das Ergebnis

$$a_t = mn \pm n\sqrt{1+m^2}$$

herzuleiten und mit obigem Resultat zu vergleichen.

b) Der Mittelpunkt der gesuchten Kreise soll auf der y-Achse liegen. Für diese Kreise M_3 bzw. M_4 gilt allgemein $x^2 + (y-b)^2 = b^2$. Man erhält

$$b_1 = 32/9, \quad b_2 = -288/9 = -32.$$

Die allgemeine Durchführung der Rechnung (s. Zusatz) liefert als Ergebnis

$$b_t = -\frac{n}{m^2} \pm \frac{n}{m^2}\sqrt{1+m^2}.$$

7. Gemeinschaftliche Tangenten an zwei Kreise

An die beiden Kreise $(x-2)^2 + (y-1)^2 = 1$ und
$(x+2)^2 + (y+1)^2 = 9$

sind die gemeinschaftlichen (äußeren und inneren) Tangenten zu legen.

Die verschiedenen Lösungsmethoden haben fast immer den Nachteil, daß sie rechentechnisch zu umständlich sind. Im folgenden soll ein einfacheres Verfahren mit kurzer geometrischer Vorbetrachtung erläutert werden.

Zieht man in zwei Kreisen ($M\,M_1$) parallel und gleich- sowie entgegengesetzt gerichtete Radien (r_1 und r_2), so schneiden einander die Verbindungslinien

$B B'$ und $C B_1$ in den Punkten A und D der Zentralen. Es verhält sich sodann

$$B M \; : B_1\, M_1 = A \; M : A\, M_1$$
$$M\, C : B_1\, M_1 = D\, M : M_1\, D \text{ und, da } MC = BM,$$
$$A\, M \; : A \; M_1 = D\, M : M_1\, D = r_1 : r_2,$$

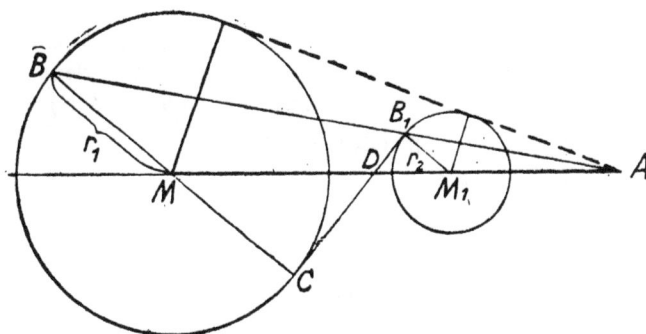

Abb. 28.

d. h. die Verbindungslinien teilen die Zentrale $M\, M_1$ in dem Verhältnis der Radien, also harmonisch. Die Lage von A ist für alle Punkte B und B_1, die Lage von D ist für alle Punkte C und B_1 dieselbe, denn es gibt nur zwei Punkte, welche eine gegebene Strecke innen und außen in einem gegebenen Verhältnis teilen. Vorstehende Proportion gilt auch, sobald die Sekante zur Tangente wird. Da von A und D die beiden Kreise unter gleichen Winkeln erscheinen, so nennt man

A den äußeren $\Big\}$ Ähnlichkeitspunkt.
D den inneren

Die inneren und äußeren gemeinschaftlichen Tangenten müssen also durch die Ähnlichkeitspunkte A und D gehen, und somit ergibt sich eine einfache geometrische Konstruktion dieser Tangenten.
Der geometrischen Konstruktion entspricht die analytische Lösung der obigen Aufgabe. Teilt man die Zentrale der gegebenen Kreise harmonisch im Verhältnis der Radien, so erhält man die Koordinaten des inneren und äußeren Ähnlichkeitspunktes, und damit ist die Lösung zurückgeführt auf die Aufgabe: Von einem Punkte außerhalb eines Kreises sind die Tangenten an den Kreis zu legen.
Lösung:
1. Bestimmung der Koordinaten des inneren und äußeren Ähnlichkeitspunktes.
Es wird: $\lambda = 1/3$
Innerer Ähnlichkeitspunkt: x_i, y_i
Äußerer Ähnlichkeitspunkt: x_a, y_a
Die Koordinaten der Kreismittelpunkte, bezeichnet mit x_1, y_1; x_2, y_2 sind

$$x_1 = 2 \qquad y_1 = 1,$$
$$x_2 = -2 \qquad y_2 = -1.$$

Somit erhält man

$$x_i = \frac{x_1 + \lambda \, x_2}{1 + \lambda} = 1; \qquad x_a = \frac{x_1 - \lambda \, x_2}{1 - \lambda} = 4$$

$$y_i = \frac{y_1 + \lambda \, x_2}{1 + \lambda} = 1/2; \qquad y_a = \frac{y_1 - \lambda \, y_2}{1 - \lambda} = 2.$$

2 a) Bestimmung der Tangenten vom inneren Ähnlichkeitspunkt J (1, 1/2) an K_1. Lösung mit Hilfe der Tangentenbedingung für den allgemeinen Kreis oder durch Koordinatentransformation (s. Aufgabe dort).

Ergebnis: 1. Tangente $3\,x + 4\,y - 5 = 0$
                  2. Tangente $x = 1$.

2 b) Bestimmung der Tangenten vom äußeren Ähnlichkeitspunkt A (4, 2) an K_1. Lösung wie bei 2 a).

Ergebnis: 3. Tangente $4\,x - 3\,y - 10 = 0$
                  4. Tangente $y = 2$.

Koordinatensysteme

1. Parallelverschiebung des Koordinatensystems

Es ist unter Umständen notwendig, das ursprünglich gewählte Koordinatenkreuz durch ein anderes zu ersetzen. Soll der Anfangspunkt nach einem Punkte $0'$ verschoben werden, dessen Koordinaten a und b sind, so bestehen, wenn x und y die Koordinaten des Punktes P im alten System, x' und y' im neuen System sind, folgende Gleichungen:

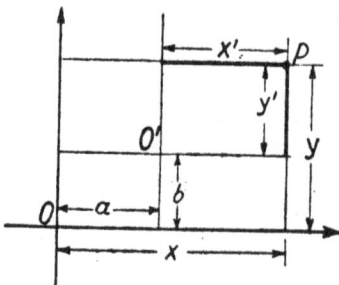

Abb. 29.

1. $x = a + x'$
2. $y = b + y'$.

Die Rückkehr von den neuen Koordinaten zu den alten erfolgt mittels der Gleichungen:

1 a. $x' = x - a$
2 a. $y' = y - b$.

1. Aufgabe: Wie lautet die Gleichung der Tangente an den Kreis

$$(x - a)^2 + (y - b)^2 = r^2 \, ?$$

Macht man den Mittelpunkt des Kreises zum Nullpunkt $0'$ (a, b) des neuen Systems, dann geht die gegebene Kreisgleichung über in

$$x'^2 + y'^2 = r^2.$$

Für den gegebenen Punkt P $(x_1' \, y_1')$ lautet demnach die Tangentengleichung im neuen System

$$x' \cdot x_1' + y' \cdot y_1' = r^2.$$

Man erhält daher als Tangentengleichung im alten System (s. Transformationsformeln)

$$(x - a) \cdot (x_1 - a) + (y - b) \cdot (y_1 - b) = r^2.$$

2. Aufgabe: An den Kreis $x^2 + y^2 - 10\,x - 6\,y + 9 = 0$ ist im Punkte
$P_1\,(8, 7)$ die Tangente zu legen!
Bringt man die Kreisgleichung auf die Form $(x - 5)^2 + (y - 3)^2 = 25$,
so erhält man hieraus leicht die Tangentengleichung im Punkte $P\,(8, 7)$
(s. 1. Aufgabe):

$$(x - 5) \cdot (8 - 5) + (y - 3) \cdot (7 - 3) = 25$$
$$3\,(x - 5) \quad + 4\,(y - 3) = 25$$
$$y = -\,(3/4)\,x + 13.$$

3. Aufgabe: Von dem Punkte $P\,(6, 7)$ sind die Tangenten an den Kreis
$x^2 + y^2 - 4\,x - 18\,y + 75 = 0$ zu legen.
Aus $x^2 + y^2 - 4\,x - 18\,y + 75 = 0$ folgt

$$(x - 2)^2 + (y - 9)^2 = 10.$$

Macht man den Mittelpunkt $M\,(2, 9)$ dieses Kreises zum Anfangspunkt des
neuen Systems, dann erhält man, da

$$x - 2 = x' \text{ und}$$
$$y - 9 = y'$$

ist, als Kreisgleichung $\quad x'^2 + y'^2 = 10.$
Es ist leicht einzusehen, daß auch die Koordinaten des Punktes $P\,(6, 7)$
im neuen System einen anderen Wert annehmen müssen. Man erhält:

$$x_p' = x_p - 2, \text{ also } x_p' = 6 - 2 = 4$$
$$y_p' = y_p - 9, \text{ also } y_p' = 7 - 9 = -\,2.$$

Nun ist die Aufgabe auf die Form gebracht: Von dem Punkte $P'\,(4, -2)$
sind die Tangenten an den Kreis $x'^2 + y'^2 = 10$ zu legen!
Mit Hilfe der Tangentenbedingung für den zentrischen Kreis erhält man
als Gleichungen der Tangenten im $x'y'$-System

$$1. \ \ y' = (1/3)\,x' - 10/3, \quad 2. \ \ y' = -\,3\,x' + 10$$

und hieraus die Gleichungen im alten System, da

$$x' = x - 2, \ y' = y - 9$$

$$1. \quad y - 9 = (1/3)\,(x - 2) - 10/3$$
$$t_1 \equiv y = (1/3)\,x + 5$$

und entsprechend 2.

$$t_2 \equiv y = -\,3\,x + 25.$$

2. Drehung des Koordinatensystems

Eine andere wichtige Verwandlung des Koordinatensystems besteht in
seiner Drehung um den Anfangspunkt um einen bestimmten Winkel α. Da
in den meisten Fällen mit der Drehung gleichzeitig eine Verschiebung des
Anfangspunktes verbunden ist, so ist es zweckmäßig, nach einer Lösung zu

suchen, die als Ergebnis Formeln liefert, die Drehung und Verschiebung berücksichtigen. Wir finden sie, wie im folgenden gezeigt werden soll, mit Hilfe der Normalform von Hesse. Der Fall, daß nur eine Drehung des Achsensystems vorliegt, wird sich dann als Sonderfall dieser umfassenden Untersuchung ergeben.

Gegeben seien die Geraden l_1 und l_2 in dre Hesseschen Normalform

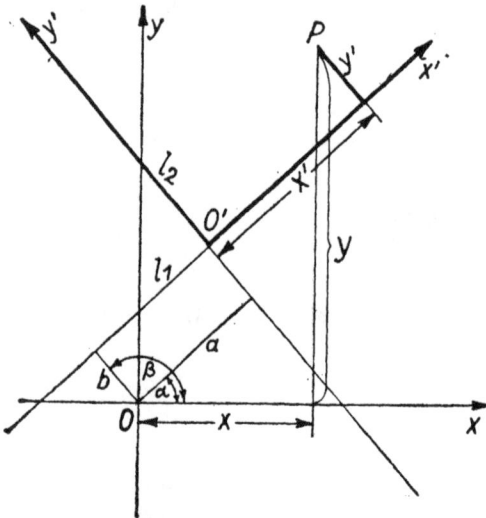

$$l_1 \equiv x \cdot \cos \alpha + y \cdot \sin \alpha - a = 0$$
$$l_2 \equiv x \cdot \cos \beta \mp y \cdot \sin \beta - b = 0.$$

Die Geraden seien die Achsen eines zweiten Koordinatensystems mit dem Ursprung O'. Die Koordinaten des Punktes P sind in bezug auf das erste System x und y, in bezug auf das zweite x' und y'. Welcher Zusammenhang besteht zwischen beiden?

Die Gleichung der zweiten Geraden

$$l_2 \equiv x \cos \beta + y \sin \beta - b = 0$$

kann man, da $\beta = 90^0 + \alpha$ ist, schreiben:

$$l_2 \equiv - x \sin \alpha + y \cos \alpha - b = 0.$$

Da x' der Abstand des Punktes P von l_1, und y' von l_2 ist, so gilt

Abb. 30.

nach der Definition der Normalform

  1. $x' = x \cdot \cos \alpha + y \cdot \sin \alpha - a$
  2. $y' = - x \cdot \sin \alpha + y \cdot \cos \alpha - b.$

Diese Formeln umfassen sowohl die Drehung als auch die Verschiebung des Achsensystems und drücken die Koordinaten des neuen Systems durch die alten aus.

Sonderfälle:

1. Ist $\alpha = 0$, dann sind die Achsen beider Systeme parallel und es findet nur eine Parallelverschiebung statt. Da $\cos 0 = 1$ ist, so lauten die Formeln hierfür (s. Abschn. 1):

  1 a. $x' = x - a$ und umgekehrt $x = x' + a$
  2 a. $y' = y - b$ und umgekehrt $y = y' + b.$

2. Ist $a = b = 0$, dann ist beiden Systemen der Ursprung gemeinsam; die Koordinatenverwandlung besteht in einer Drehung um den Winkel α. Man erhält dann

  1 b. $x' = x \cdot \cos \alpha + y \cdot \sin \alpha$
  2 b. $y' = - x \cdot \sin \alpha + y \cdot \cos \alpha.$

3. Aus den vorstehenden Gleichungen kann man leicht umgekehrt die alten Koordinaten durch die neuen ausdrücken, indem man die beiden Gleichungen

nach x und y auflöst. Multipliziert man die erste Gleichung mit $\cos \alpha$ und die zweite mit $-\sin \alpha$, dann erhält man unter Berücksichtigung, daß $\sin^2 \alpha + \cos^2 \alpha = 1$ ist, nach Addition beider Gleichungen

1 c. $\qquad x = x' \cos \alpha - y' \sin \alpha$ und in ähnlicher Weise

2 c. $\qquad y = x' \sin \alpha + y' \cos \alpha$.

3. Polarkoordinaten

Eine häufig vorkommende Aufgabe ist der Übergang von rechtwinkligen Koordinaten zu Polarkoordinaten. Es soll hier nur der einfache Fall betrachtet werden, daß der Pol mit dem Koordinatenanfangspunkt und die Achse des polaren Systems mit der positiven Abszissenachse zusammenfallen.

Verbindet man in Abb. 31 den Punkt P mit dem Koordinatenanfangspunkt, dann kommt der Entfernung OP ein bestimmter Längenwert r zu. Durch diese und den Winkel φ, den OP mit der x-Achse bildet, ist die Lage des Punktes P in der Ebene eindeutig bestimmt. Die Größen r und φ heißen die Polarkoordinaten des Punktes P. Zwischen ihnen und den rechtwinkligen Koordinaten x und y bestehen folgende Beziehungen:

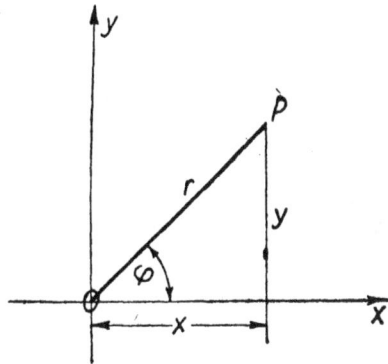

Abb. 31.

1. $\qquad x = r \cdot \cos \varphi$

2. $\qquad y = r \cdot \sin \varphi$.

Umgekehrt ist 3. $r = +\sqrt{x^2 + y^2}$ (stets positiv zu nehmen),

$$4. \quad \varphi = \operatorname{arc\,tg} \frac{y}{x}, \quad \text{bzw.} \quad \operatorname{tg} \varphi = \frac{y}{x}\,.$$

0 ist der Pol (Anfangspunkt), die x-Achse die Polarachse des Systems, φ der Winkel, auch Anomalie, Phase oder Amplitude genannt und r der Leitstrahl (Radiusvektor) des Punktes P.

Die Kegelschnitte

1. Kreis, Parabel, Ellipse und Hyperbel als Kegelschnitte

In der elementaren Geometrie werden nur Gerade und Kreis eingehender betrachtet. Die analytische Geometrie untersucht dagegen noch weitere Kurven, die unter dem Namen „Kegelschnitte" zusammengefaßt werden. Rotiert eine Gerade um eine sie schneidende Achse, so entsteht ein Doppelkegel, dessen Spitze S im Schnittpunkt der Geraden mit der Achse liegt. Der Winkel zwischen der Geraden und der Achse sei mit α bezeichnet. Eine Ebene, die diesen Umdrehungskegel schneidet, kann zu der Achse

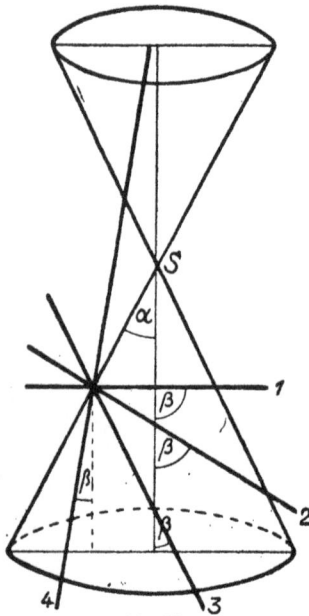

Abb. 32.

verschiedene Lagen haben. Die Achse kann
mit ihr bilden:

1. einen rechten Winkel,
2. „ Winkel, der größer ist als α (Abb. 33),
3. „ „ der gleich α ist (Abb. 34),
4. „ „ der kleiner als α ist
(Abb. 35).

Vor der Untersuchung der Kegelschnitte
nach den Methoden der analytischen Geometrie
sollen durch geometrische Betrachtungen wichtige Eigenschaften der Kurven abgeleitet wer
den, die später zur Aufstellung der Gleichungen
Verwendung finden werden.

Zu 1 (s. Abb. 32). Ist der von der schnei-
denden Ebene und der Achse gebildete Winkel 90⁰, so schneidet, wie bereits aus der Stereo-
metrie bekannt, die Ebene aus dem Kegelmantel eine Kreislinie heraus.

Zu 2. Um die Eigenschaften dieser Schnittfigur zu untersuchen, konstruiert man die den

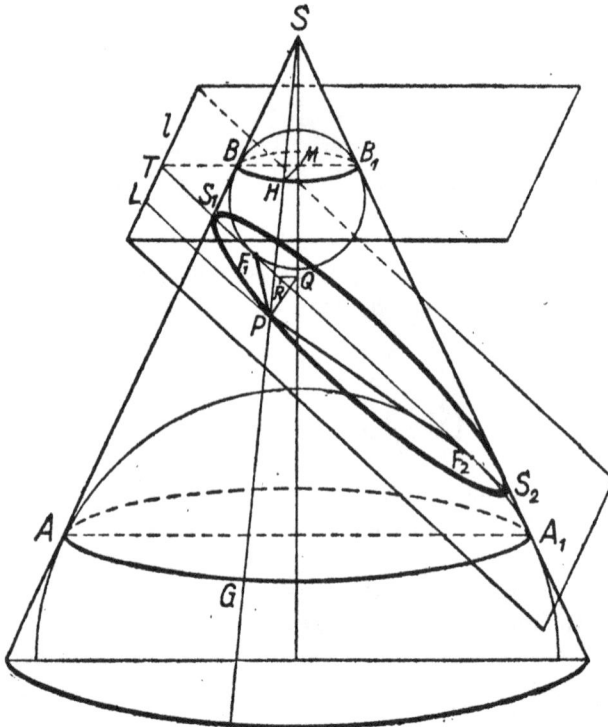

Abb. 33.

Kegelmantel und die senkrecht zum Achsenschnitt $S A A_1$ stehende Schnittebene zugleich berührenden Kugeln, die man nach dem Belgier Dandelin
(1794—1847) die Dandelinschen Kugeln nennt. Diese Kugeln berühren
den Kegelmantel in den Berührungskreisen $B B_1$ bzw. $A A_1$ und die Schnittebene in den Punkten F_1 und F_2. Durch einen beliebigen Punkt P der
entstehenden Schnittfigur legt man eine, die beiden Berührungskreise in G
und H schneidende Seitenlinie des Kegels und verbindet P mit F_1 und F_2.
Dann ist

$$\left.\begin{array}{l} P F_2 = P G \\ P F_1 = P H \end{array}\right\} \text{ Tangenten an die Kugel}$$

$$\text{daraus } P F_2 + P F_1 = P G + P H = G H = A B$$
$$= \text{konstant.}$$

Da diese Gleichung für alle Punkte P der Schnittkurve gilt, so kann diese
nur eine Ellipse mit den Brennpunkten F_1 und F_2 und der großen Achse $S_1 S_2$
sein.

Zu 3. Da der Winkel, den die Schnittebene E mit der Achse bildet,
gleich dem Winkel α ist, so läuft die Ebene E parallel zur Seitenlinie $S A_1$

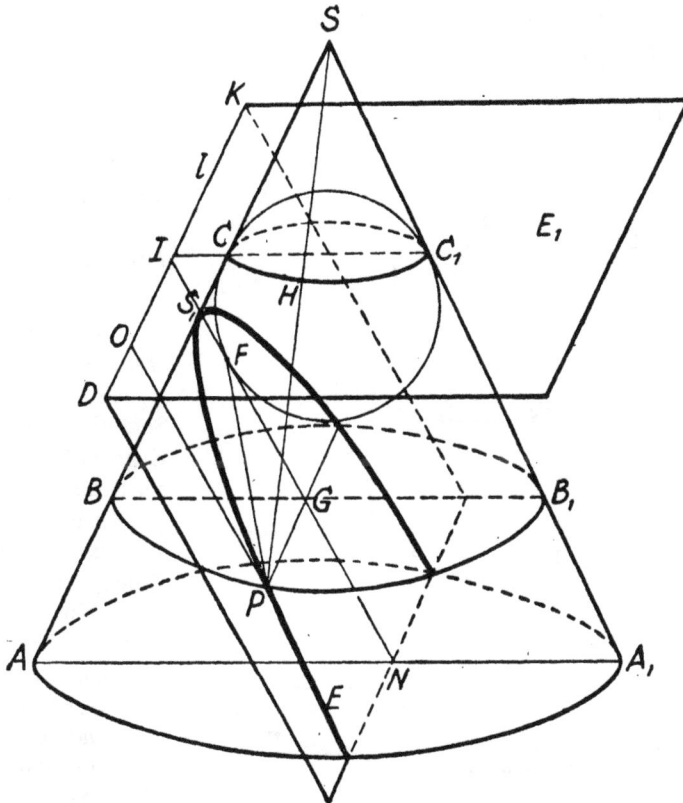

Abb. 34.

des Kegels. Sie steht auf dem Achsenschnitt $S\,A\,A_1$ senkrecht und schneidet diesen in $S_1\,N$. Um die Natur dieses Kegelschnitts zu erkennen, legen wir in den Kegel die obere Dandelinsche Kugel (die untere würde im Unendlichen liegen), die die Schnittebene in F und den Kegel im Kreise $C\,C_1$ berührt. Die Ebene E_1 des Berührungskreises, die ebenfalls senkrecht zum Achsenschnitt steht, schneidet die Ebene E in $D\,K$.

Verbindet man einen beliebigen Punkt P des Kegelschnittes, durch den man parallel zum Grundkreise $A\,A_1$ den Schnittkreis $B\,B_1$ legt, mit F und S, dann ist

$$P\,F = P\,H$$
$$P\,H = B_1 C_1$$

(Seitenlinien eines Kegelstumpfes)

$$B_1 C_1 = I\,G$$
$$I\,G = O\,P$$

folglich: $P\,F = O\,P$,

d. h. jeder Punkt P des Kegelschnittes hat also von einem festen Punkt F und einer Geraden l den gleichen Abstand. Eine Kurve mit dieser Eigenschaft ist eine Parabel. F ist der Brennpunkt, S_1 der Scheitel, l die Leitlinie, $S_1\,N$ die Achse der Parabel.

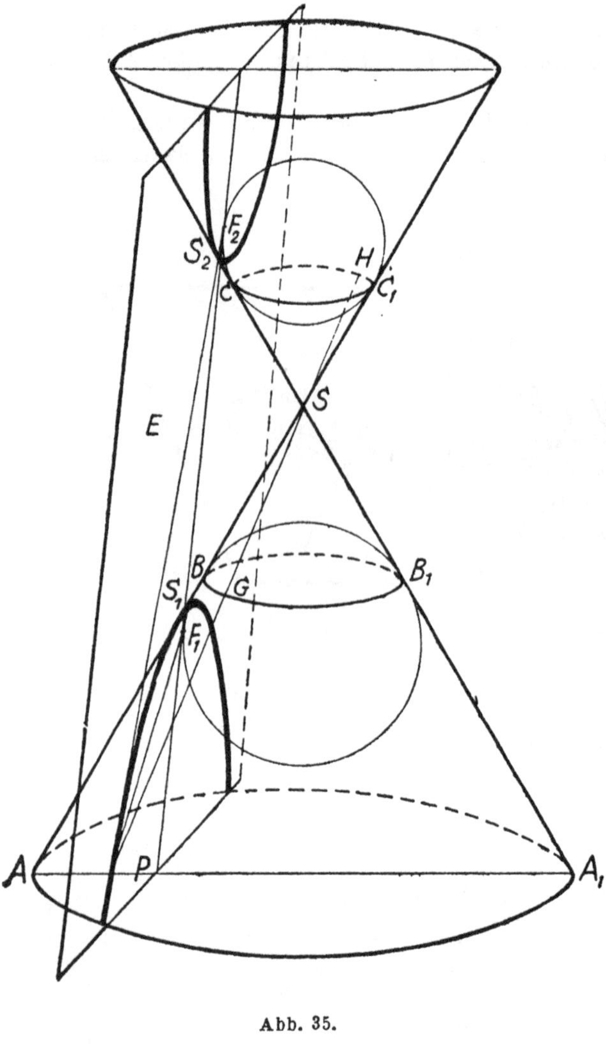

Zu 4. Die auf $S\,A\,A_1$ senkrecht stehende Ebene E schneidet die Seitenlinie der unteren Kegelhälfte in S_1, die des Scheitelkegels in S_2. Der Kegelschnitt besteht also aus zwei getrennten Teilen, die aber als Äste einer Kurve betrachtet werden. Entsprechend den beiden Zweigen der Kurve erhält man wieder zwei Dandelinsche Kugeln, die aber auf derselben Seite der Ebene liegen. Sie liegen in je-

Abb. 35.

dem Scheitelkegel, berühren den unteren im Berührungskreise $B\,B_1$, den oberen in $C\,C_1$ und die Schnittebene E in F_1 bzw. F_2.

Zieht man von einem beliebig angenommenen Kurvenpunkte P die Verbindungslinien PF_1 und PF_2 und die Seitenlinie PS, die die Berührungskreise in G und H schneidet, dann ist

$$P F_2 = P H$$
$$P F_1 = P G$$
folglich: $\quad P F_2 - P F_1 = P H - P G$
$$= S C + S B_1$$
$$= B C_1$$
$$= \text{konstant},$$

d. h. die Differenz der Abstände aller Kurvenpunkte von zwei festen Punkten F_1 und F_2 ist stets gleichbleibend. Eine Kurve mit dieser Eigenschaft heißt eine Hyperbel. F_1 und F_2 sind ihre Brennpunkte, S_1 und S_2 ihre Scheitel.

2. Zwei wichtige Beziehungen bei den Kegelschnitten

Zu wichtigen, für die spätere Lösung von Aufgaben notwendigen Ergebnissen führt der Beweis des Lehrsatzes:

Bei einem Kegelschnitt ist für jeden Punkt desselben das Verhältnis seiner Abstände von dem Brennpunkt F und der Leitlinie L konstant. Es ist-also

$$\frac{P F}{P L} = \varepsilon.$$

Es soll gezeigt werden, daß   1. $\varepsilon = \dfrac{\cos \beta}{\cos \alpha}$

(β Neigungswinkel d. Ebene; α erzeugender $\sphericalangle$)

2. $\varepsilon = \dfrac{e}{a}$

ist. (Numerische Exzentrizität.)

Beweis 1: Legt man in der Kegelschnittfigur der Ellipse durch den Punkt P noch eine zum Grundkreis parallele Ebene durch den Kegel, dann schneidet diese die Kegelachse in Q und die Achse $S_1 S_2$ des Schnittes in R. Zur besseren Übersicht sei aus der Figur des Kegelschnittes nachstehender Ausschnitt vergrößert dargestellt:

In den zwei durch die Schnittebene entstehenden Trapezen $R Q M T$ und $P Q M H$ stellt $Q M$ sowohl die Projektion von $T R$ als auch von $P H$ dar.

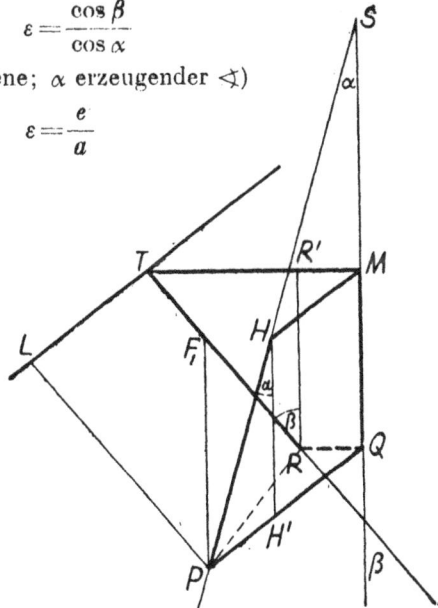
Abb. 36.

Zieht man die beiden Parallelen $R\,R'$ und $H\,H'$, dann sind die bei R und H liegenden Winkel gleich β und α, und es ist:

und auch:

$$\text{1.}\quad M\,Q = R\,R' = T\,R \cdot \cos\beta$$

$$\text{2.}\quad M\,Q = H\,H' = P\,H \cdot \cos\alpha.$$

Da nun aber $T\,R = P\,L$ und $P\,H = P\,F_1$ ist, so kann man setzen

$$P\,L \cdot \cos\beta = P\,F_1 \cdot \cos\alpha$$

oder

$$P\,F_1 / P\,L = \cos\beta / \cos\alpha = \varepsilon.$$

Diese Beweisführung läßt sich auf jeden Kegelschnitt anwenden und führt zu den nachstehenden Folgerungen:

Ist $\beta > \alpha$, dann ist $\cos\beta / \cos\alpha = \varepsilon < 1$ (Ellipse),

ist $\beta = \alpha$, dann ist $\cos\beta / \cos\alpha = \varepsilon = 1$ (Parabel),

ist $\beta < \alpha$, dann ist $\cos\beta / \cos\alpha = \varepsilon > 1$ (Hyperbel).

Beweis 2: $\varepsilon = e/a$.

Wendet man den Lehrsatz statt auf P auf die Scheitelpunkte S_1 und S_2 an, dann erhält man

$$\frac{F_1 S_1}{S_1 T} = \varepsilon \quad\text{und}\quad \frac{F_1 S_2}{S_2 T} = \varepsilon.$$

Die Punkte $T\,S_1\,F_1\,S_2$ sind somit eine harmonische Punktreihe, und es verhält sich

$$F_1 S_1 : S_1 T = F_1 S_2 : S_2 T.$$

Vertauscht man die Innenglieder, dann gilt

$$F_1 S_1 : F_1 S_2 = S_1 T : S_2 T \text{ oder}$$
$$F_1 S_2 : F_1 S_1 = S_2 T : S_1 T.$$

Hieraus folgt $(F_1 S_2 - F_1 S_1) : F_1 S_1 = (S_2 T - S_1 T) : S_1 T$.

Für die Differenz des ersten Gliedes aber kann man, da $F_1 S_1 = F_2 S_2$ ist, $2e$ setzen, für die des zweiten Gliedes $2a$. Man erhält somit die Proportion

$$2\,e : F_1 S_1 = 2\,a \quad : S_1 T \text{ oder}$$
$$2\,e : 2\,a = F_1 S_1 : S_1 T = \varepsilon \text{ oder}$$

$$\varepsilon = \frac{e}{a} = \frac{\cos\beta}{\cos\alpha}.$$

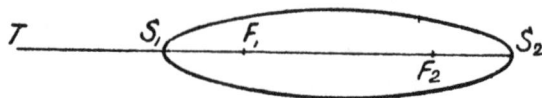

Abb. 37.

Die Parabel

Die Parabel ist der geometrische Ort aller Punkte, die von einem gegebenen Punkte F (Brennpunkt) und einer gegebenen Geraden L (Leitlinie) gleiche Entfernung haben.

1. Gleichung der Parabel

Ist p die Entfernung des Brennpunktes F von der Leitlinie L, dann ist der Halbierungspunkt O der Strecke AF ein Parabelpunkt. Wir wählen AF als x-Achse und den Mittelpunkt O als Koordinatenanfangspunkt. Ist $P(x, y)$ ein Punkt der gesuchten Kurve, dann muß nach der Definition sein

$$PR = PF.$$

Nun ist, wie aus der Figur ersichtlich,

$$PR = x + p/2$$
$$PF = \sqrt{y^2 + (x - p/2)^2}$$

also:

$$x + p/2 = \sqrt{y^2 + (x - p/2)^2}.$$

Durch Quadrieren erhält man

$$(x + p/2)^2 = y^2 + (x - p/2)^2$$
$$x^2 + p\,x + p^2/4 = y^2 + x^2 - p\,x + p^2/4$$
$$\boldsymbol{y^2 = 2\,p\,x.}$$

Das ist die **Scheitelgleichung der Parabel.** Ihre Diskussion führt zu folgendem Ergebnis:

Abb. 38.

a) Aus $y^2 = 2\,p\,x$ folgt $y = \pm\sqrt{2\,p\,x}$, d. h. die Kurve liegt symmetrisch zur x-Achse.

b) Für negative Werte von x wird y imaginär. Die Kurve liegt also nur auf der positiven Seite der x-Achse.

c) Für $x = 0$ wird auch $y = 0$, d. h. die Kurve geht durch den 0-Punkt.

Anmerkung: Die in der Parabel vorkommende konstante Größe $2\,p$ nennt man den Parameter der Parabel. Er ist gleich der im Brennpunkte auf der Achse senkrecht stehenden Sehne $P_1 P_2$, denn setzt man in die Parabelgleichung $y^2 = 2\,p\,x$ für x die Abszisse des Brennpunktes $p/2$ ein, dann ist,

$$y^2 = 2\,p \cdot p/2; \quad y^2 = p^2; \quad y = p$$

und somit $P_1 P_2 = 2\,p.$

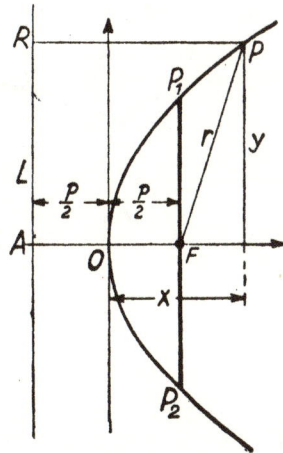

2. Die 4 Formen der Scheitelgleichung

a) Ist die x-Achse die Hauptachse, dann gilt, wie soeben entwickelt, die Gleichung $y^2 = 2\,p\,x.$

b) Wählt man die y-Achse zur Hauptachse, dann sind die Variablen vertauscht. Die Gleichung lautet dann $x^2 = 2\,p\,y.$

c) Für negative Werte von x würde die Gleichung $y^2 = 2\,p\,x$ nur dann reelle Ordinaten liefern, wenn auch p negativ würde; p soll aber als Längenwert, ähnlich wie ein Kreisradius r, stets positiv erscheinen, und deshalb muß die Parabelgleichung für negative x lauten: $y^2 = -2\,p\,x$. Diese Parabel verläuft also im 2. und 3. Quadranten.

Anmerkung: Sollten sich bei der Berechnung eines Parameters aus einer Bestimmungsgleichung Ausdrücke ergeben, wie: $2\,p = -B$, so bedeutet das lediglich: Entweder ist B selbst ein negativer Wert oder B ist positiv, aber die Parabel liegt nicht in dem Quadrantenpaar, das die Bestimmungsgleichung voraussetzte, sondern im andern.

d) Die entsprechende Überlegung führt auf die 4. Form $x^2 = -2\,p\,y$.

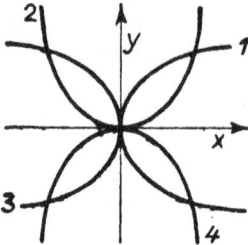

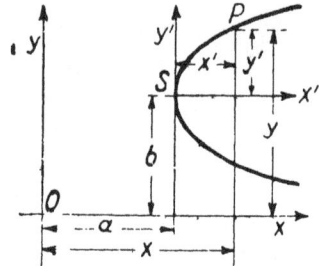

Abb. 39.   Abb. 40.

3. Gleichung der Parabel bei beliebiger Lage des Scheitels

Ist der Scheitel der Parabel bei parallel bleibender Achse um die Koordinaten a und b nach S verschoben, dann kommt man leicht auf die Gleichung der verschobenen Parabel, wenn man durch Parallelverschiebung den Scheitel S zum Nullpunkt eines neuen Systems mit den Achsen x' und y' macht.

Im neuen System lautet also die Gleichung der Parabel

$$y'^2 = 2\,p\,x'.$$

Da nun $x' = x - a$ und $y' = y - b$ ist, so erhält man in

1. $(y - b)^2 = 2\,p\,(x - a)$

die allgemeine Gleichung der Parabel, bezogen auf das alte System.
Nach Auflösen der Klammern erhält man

$$y^2 - 2\,b\,y + b^2 = 2\,p\,x - 2\,a\,p \quad \text{oder}$$

1. $y^2 - 2\,b\,y - 2\,p\,x + 2\,a\,p + b^2 = 0.$

Das ist eine Gleichung zweiten Grades mit zwei Veränderlichen, in der, zum Unterschied von der allgemeinen Kreisgleichung, das Quadrat von x fehlt. Auch das Produkt $x\,y$ tritt hier nicht auf. Eine solche Gleichung stellt eine Parabel dar, deren Achse mit der x-Achse parallel läuft. Wie würde die Gleichung der Parabel lauten, deren Achse der y-Achse parallel läuft?
Ebenso wie bei der Kreisgleichung kann man der Gleichung 1. die Form

2. $y^2 + A\,y + B\,x + C = 0.$

geben. Wir wollen zeigen, daß jede so gebaute Gleichung eine Parabel darstellt, deren Achse der x-Achse parallel läuft.

Man erhält aus 2. $y^2 + Ay = -Bx - C.$

Durch Hinzufügen der quadratischen Ergänzung auf beiden Seiten ergibt
sich

$$y^2 + Ay + \left(\frac{A}{2}\right)^2 = -Bx - C + \frac{A^2}{4}$$

$$\left(y + \frac{A}{2}\right)^2 = -Bx - \frac{4C - A^2}{4}$$

$$\left(y + \frac{A}{2}\right)^2 = -B\left(x + \frac{4C - A^2}{4B}\right).$$

Das ist die Gleichung einer Parabel, deren Scheitel die Koordinaten

$$a = -\frac{4C - A^2}{4B} \quad \text{und} \quad b = -\frac{A}{2}$$

hat. Der Parameter: $2p = -B.$

Anmerkung: Steht bei y^2 ein beliebiger Koeffizient, dann ist vor dem
Hinzufügen der quadratischen Ergänzung die Gleichung 2 durch den
Koeffizienten zu dividieren.

Aufgabe: Deute die Gleichungen $(x - a)^2 = \pm 2p(y - b).$

4. Gleichung der Parabel in Polarkoordinaten

Ist $y^2 = 2px$ die Gleichung der Parabel im rechtwinkligen Koordinatensystem, und wählt man den Punkt $(p/2; 0)$ als Pol eines Polarkoordinaten-
systemes, dann erhält man, da

$$y = r \cdot \sin \varphi$$

und $x = r \cdot \cos \varphi + \dfrac{p}{2}$ ist (s. Abb. 41),

als Gleichung in Polarkoordinaten:

$$r^2 \sin^2 \varphi = 2p\left(r \cdot \cos \varphi + \frac{p}{2}\right) \text{ oder}$$

$$r^2(1 - \cos^2 \varphi) - 2pr \cdot \cos \varphi - p^2 = 0, \text{ also}$$

$$r^2 - \frac{2pr \cdot \cos \varphi}{1 - \cos^2 \varphi} - \frac{p^2}{1 - \cos^2 \varphi} = 0$$

$$\left(r - \frac{p \cos \varphi}{1 - \cos^2 \varphi}\right)^2 = \frac{p^2 \cos^2 \varphi + p^2(1 - \cos^2 \varphi)}{(1 - \cos^2 \varphi)^2}$$

$$\left(r - \frac{p \cos \varphi}{1 - \cos^2 \varphi}\right)^2 = \frac{p^2}{(1 - \cos^2 \varphi)^2}.$$

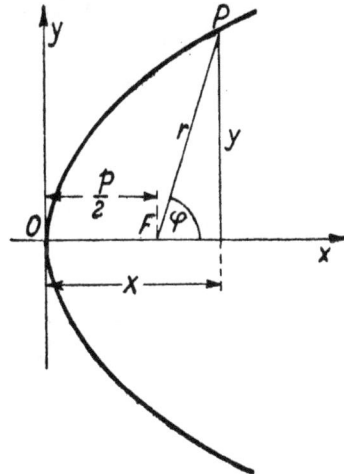

Abb. 41.

Nunmehr stehen beiderseits vom Gleich-
heitszeichen nur reine Quadrate; der Aus-
druck $p/(1 - \cos^2 \varphi)$ kann nicht negativ werden und nicht kleiner als
$p \cos \varphi/(1 - \cos^2 \varphi)$. Demgemäß ist die positive Wurzel zu wählen, wenn
positive Werte r gewünscht werden, also:

4*

$$r - \frac{p \cos \varphi}{1 - \cos^2 \varphi} = \frac{p}{1 - \cos^2 \varphi}$$

$$r = \frac{p(1 + \cos \varphi)}{(1 + \cos \varphi)(1 - \cos \varphi)} = \frac{p}{1 - \cos \varphi}.$$

Aber auch die negative Wurzel muß ein richtiges Ergebnis liefern, und dieses Ergebnis muß sich in die erste Form umwandeln lassen, denn die Forderung positiver Werte r war willkürlich. Zunächst wird also:

$$r_1 - \frac{p \cos \varphi_1}{1 - \cos^2 \varphi_1} = -\frac{p}{1 - \cos^2 \varphi_1}$$

$$r_1 = \frac{p(\cos \varphi_1 - 1)}{1 - \cos^2 \varphi_1} = -\frac{p}{1 + \cos \varphi_1}.$$

Zu jedem von der Anfangsrichtung aus gewählten Winkel φ_1 gehört ein Radius r_1, der aber, gemäß Vorzeichen, nicht in Richtung des Winkelschenkels, sondern in entgegengesetzter mit dem Wert $p/(1 + \cos \varphi_1)$ abzutragen ist. Die erste Lösung beginnt bei $\varphi = 0$ mit einem positiven, die zweite bei $\varphi_1 = 0$ mit einem negativen Radius, und zwar im gleichen Polarkoordinatensystem. Beide Lösungen müssen das gleiche Ergebnis haben, also die gleiche Parabel liefern und deshalb muß eine Identität erscheinen, wenn gesetzt wird: $r_1 = -r$ und $\varphi_1 = 180^0 + \varphi$. Das ist der Fall, denn es wird:

$$r_1 = -\frac{p}{1 + \cos \varphi_1} = -r = -\frac{p}{1 + \cos (180^0 + \varphi)} = r = \frac{p}{1 - \cos \varphi}.$$

Beispiel: Gegeben ist die Parabel $y^2 = 6\,x$. Sie ist durch Polarkoordinaten auszudrücken und mit Hilfe derselben zu zeichnen!

Anleitung: Da $2\,p = 6$, also $p = 3$ ist, so lautet ihre Gleichung

$$r = 3/(1 - \cos \varphi).$$

Die nachstehend aufgestellte Wertetabelle enthält nur die Werte, die ausreichend sind, um die Gestalt der Parabel im allgemeinen festzulegen. Zum Zwecke der genauen Zeichnung können beliebig viele Werte zwischengeschaltet werden.

φ	r
0^0	$3/(1-1) = 3/0 \to \infty$
45^0	$\dfrac{3}{1 - (1/2)\sqrt{2}} = 6\,[1 + (1/2)\sqrt{2}] = 10{,}24$
90^0	$3/(1-0) = 3$
135^0	$\dfrac{3}{1 + (1/2)\sqrt{2}} = 1{,}76$
180^0	$\dfrac{3}{1 - (-1)} = 1{,}5.$

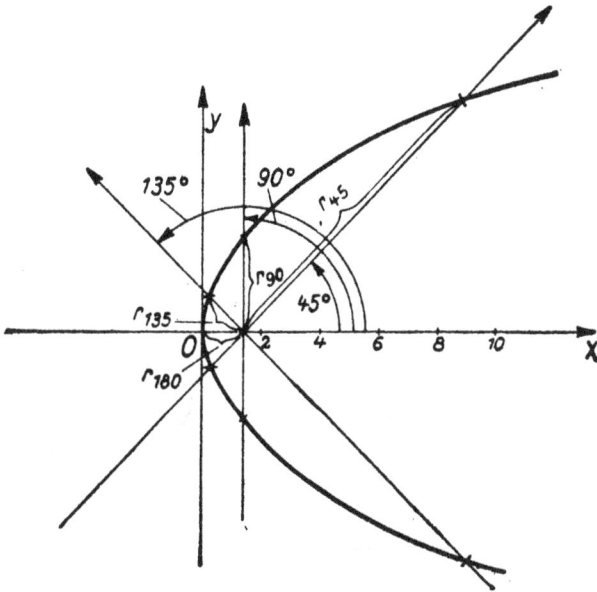

Abb. 42.

Aufgaben:

1. Wie lautet die Scheitelgleichung einer Parabel, deren Achse die x-Achse ist, wenn ein Parabelpunkt die Koordinaten $(2, 6)$ hat?

Aus $y^2 = 2\,p\,x$ folgt nach Einsetzen der Koordinaten $36 = 2\,p \cdot 2$, und daraus $2\,p = 18$. Mithin lautet die Gleichung

$$y^2 = 18\,x.$$

2. Bestimme die Gleichung einer Parabel, der ein gleichseitiges Dreieck mit der Seite $s = 6$ einbeschrieben werden kann. Die Spitze soll im Scheitel liegen.

Der Punkt P (Eckpunkt des Dreiecks) hat die Koordinaten $x = 3\sqrt{3}$, $y = 3$. Daher folgt

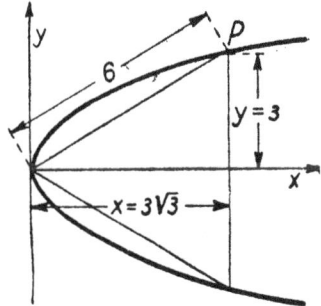

$$y^2 = 2\,p\,x$$
$$9 = 2\,p \cdot 3\sqrt{3}$$
$$2\,p = 3/\sqrt{3} = \sqrt{3}$$
$$y^2 = \sqrt{3} \cdot x.$$

Abb. 43.

3. Wie lautet die Gleichung einer Parabel, wenn der Scheitel die Koordinaten $S\,(2, 3)$ hat, der Parameter $p = 2$ ist und die Achse der x-Achse parallel läuft?

Aus der allgemeinen Parabelgleichung

$$(y - b)^2 = 2\,p\,(x - a) \text{ folgt}$$
$$(y - 3)^2 = 2\,p\,(x - 2) \text{ und hieraus}$$
$$y^2 - 6\,y - 4\,x + 17 = 0.$$

4. a) Bestimme Scheitel, Parameter und Brennpunkt der Parabel

$$y^2 - 14\,y - 6\,x + 25 = 0.$$

Durch Hinzufügen der quadratischen Ergänzung erhält man

$$y^2 - 14\,y + 49 = 6\,x - 25 + 49$$
$$(y - 7)^2 = 6\,x + 24$$
$$(y - 7)^2 = 6\,(x + 4).$$

Es ist somit

$$S\,(-4, 7); \quad p = 3; \quad F\,(-2{,}5, 7).$$

b) Wo schneidet die Parabel die y- und die x-Achse?

Für den Schnittpunkt der Parabel mit der y-Achse muß $x = 0$ sein. Man erhält somit aus der Gleichung der gegebenen Parabel die quadratische Gleichung

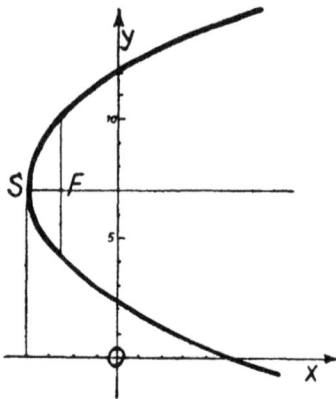

Abb. 44.

$$y^2 - 14\,y + 25 = 0$$

und hieraus

$$y_s = 7 \pm \sqrt{24}$$
$$y_{s1} = 11{,}9; \quad y_{s2} = 2{,}1.$$

Für den Schnittpunkt der Parabel mit der x-Achse muß $y = 0$ sein. Demnach ist $-6\,x = -25$;

$$x_s = 25/6.$$

5. Gegeben ist die Parabel $\quad 2\,y^2 + 12\,y + 5\,x + 8 = 0$. Löse die Aufgabe in derselben Art wie bei Aufgabe 4!

Aus $2\,y^2 + 12\,y + 5\,x + 8 = 0$ folgt nach Division durch 2
$y^2 + 6\,y + (5/2)\,x + 4 = 0$ und hieraus
$$y^2 + 6\,y + 9 = -(5/2)\,x - 4 + 9$$
$$(y + 3)^2 = -(5/2)\,(x - 2).$$

Ergebnis: $\quad S\,(2, -3); \quad p = -5/4; \quad F\,(11/8, -3)$

Schnittpunkt mit der y-Achse $y_{s1} = -0{,}76; \quad y_{s2} = -5{,}24$
Schnittpunkt mit der x-Achse $x_s = -1{,}6$.

6. Eine Parabel, deren Achse der x-Achse parallel läuft, geht durch die Punkte $P_1\,(3, 4)$, $\quad P_2\,(9, 10)$, $\quad P_3\,(9, -2)$. Wie lautet ihre Gleichung? Da die Achse der Parabel der x-Achse parallel laufen soll, so muß ihre Gleichung $(y - b)^2 = 2\,p\,(x - a)$ sein. In dieser Gleichung sind die Größen a, b und p zu bestimmen. Da jeder der gegebenen Punkte die Gleichung erfüllen muß, so erhält man zur Bestimmung der Größen a, b und p drei Gleichungen:

$$\text{a)} \quad (4 - b)^2 = 2\,p\,(3 - a)$$
$$\text{b)} \quad (10 - b)^2 = 2\,p\,(9 - a)$$
$$\text{c)} \quad (-2 - b)^2 = 2\,p\,(9 - a).$$

Ergebnis: $$a = 3; \quad b = 4; \quad p = 3$$
$$(y - 4)^2 = 6 \, (x - 3).$$

5. Analytische Behandlung der Wurfparabel

a) Der waagerechte Wurf

Wird ein Körper, dessen Anfangsgeschwindigkeit c beträgt, **waagerecht** fortgeschleudert, so würde er in t Sekunden den Weg $x = c \cdot t$ zurücklegen, falls keine andere Kraft auf ihn einwirkte. Da er aber gleichzeitig fällt, so wäre sein Weg senkrecht abwärts in t Sekunden $(g/2) \cdot t^2$. Den wirklichen Weg des Körpers findet man, wenn man die Wege x und y nach dem **Wege-parallelogramm** zusammensetzt (s. Abb. 45).

Um die entstehende Kurve analytisch zu untersuchen, legen wir den Ausgangspunkt der Bewegung in den 0-Punkt des Koordinatensystems. Dann sind, wie aus der Abbildung ersichtlich, die Koordinaten eines beliebigen Kurvenpunktes P

1. $$x = c \, t$$
2. $$y = - (g/2) \cdot t^2.$$

Die vorstehenden Gleichungen gelten für den durch t bestimmten Augenblick. Wir erhalten daher eine für jeden Augenblick geltende Beziehung zwischen x und y, wenn wir t eliminieren. Aus 1. folgt

$$t = \frac{x}{c}, \text{ also } t^2 = \frac{x^2}{c^2} \text{ (in 2. eingesetzt)}, \quad y = -\frac{g \cdot x^2}{2\,c^2} \text{ oder}$$

3. $$x^2 = -\frac{2\,c^2}{g} \cdot y.$$

Das ist die Gleichung einer nach unten geöffneten Parabel, deren Achse die y-Achse ist.

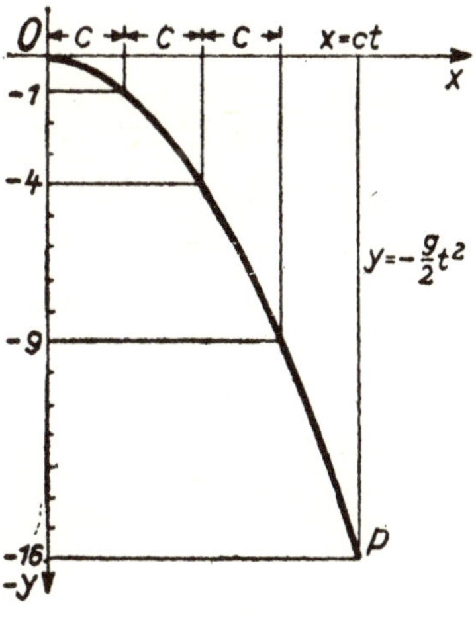

Abb. 45.

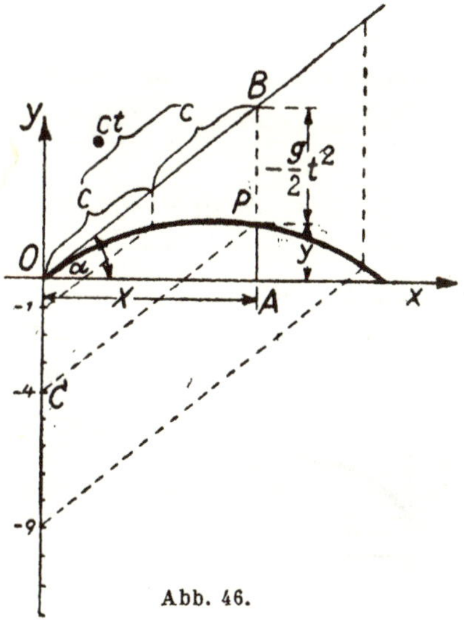

Abb. 46.

b) Der schiefe Wurf

Wird ein Körper unter dem Erhebungswinkel α mit der Geschwindigkeit c fortgeschleudert, so würde er in t Sekunden den Weg $OB = ct$ zurücklegen. Da ihn aber die Schwerkraft lotrecht abwärts zieht, so wäre sein Weg abwärts $OC = (1/2)\,g \cdot t^2$. Den wirklichen Weg findet man, indem man die beiden Bewegungen nacheinander folgen läßt und sie nach dem Wegeparallelogramm zusammensetzt (s. Abb. 46).

Zur analytischen Untersuchung der entstehenden Kurve legen wir, wie bei a), den Anfangspunkt der Bewegung in den 0-Punkt. Ein beliebig angenommener Punkt P der Kurve habe die Koordinaten x und y. Dann ist, wie man aus dem Dreieck OAB erkennen kann,

1. $$x = c\,t \cdot \cos\alpha$$

2. $$y = c\,t \cdot \sin\alpha - (1/2)\,g\,t^2.$$

Wir erhalten eine Gleichung zwischen x und y, wenn wir die in beiden Gleichungen vorkommende Größe t eliminieren (Begründung s. a)). Man erhält aus 1.

$$t = \frac{x}{c \cdot \cos\alpha}$$

und nach Einsetzen in 2.

3. $$y = \frac{\sin\alpha}{\cos\alpha} \cdot x - \frac{g \cdot x^2}{2 \cdot c^2 \cdot \cos^2\alpha}.$$

Man erkennt bereits an der Form der vorstehenden Gleichung, daß die Bahn des Körpers eine Parabel darstellt. Lage und Koordinaten des Scheitels werden dagegen erst erkennbar, wenn man 3. nach x^2 auflöst und umformt. Multipliziert man die Gleichung mit $2\,c^2 \cos^2\alpha/g$, dann wird

$$x^2 - \frac{2\,c^2 \sin\alpha \cdot \cos\alpha}{g} \cdot x = - \frac{2\,c^2 \cdot \cos^2\alpha}{g} \cdot y$$

und nach Hinzufügen der quadratischen Ergänzung

$$x^2 - \frac{2\,c^2 \sin\alpha \cdot \cos\alpha}{g}\,x + \frac{c^4 \sin^2\alpha \cdot \cos^2\alpha}{g^2} = - \frac{2\,c^2 \cdot \cos^2\alpha}{g} \cdot y + \frac{c^4 \sin^2\alpha \cdot \cos^2\alpha}{g^2}$$

$$\left(x - \frac{c^2 \cdot \sin\alpha \cdot \cos\alpha}{g}\right)^2 = - \frac{2\,c^2 \cdot \cos^2\alpha}{g}\left(y - \frac{c^2 \cdot \sin^2\alpha}{2\,g}\right).$$

Das ist die Gleichung der für den schiefen Wurf geltenden Parabel. Sie ist von der Form $(x - a)^2 = -2\,p\,(y - b)$ und stellt eine nach unten geöffnete Parabel dar, deren Achse der y-Achse parallel läuft.

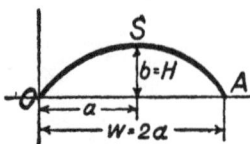

Abb. 47.

Der Scheitel hat die Koordinaten

$$a = \frac{c^2 \cdot \sin\alpha \cdot \cos\alpha}{g} = \frac{c^2 \cdot \sin 2\alpha}{2\,g} \quad \text{und}$$

$$b = \frac{c^2 \cdot \sin^2\alpha}{2\,g} \quad \text{(Wurfhöhe } H\text{)}.$$

Die Wurfweite w ergibt sich in einfacher Weise aus der Symmetrie der Parabel. Es ist (s. Abb. 47)

$$w = 2\,a = \frac{c^2 \cdot \sin 2\,\alpha}{g}.$$

Bei einem bestimmten Erhebungswinkel ist, wie ·man aus diesem Ergebnis leicht schließen kann, die Wurfweite w von der Anfangsgeschwindigkeit c abhängig. Umgekehrt ist die Frage von Wichtigkeit, in welchem Falle, bei gegebener Anfangsgeschwindigkeit, das Maximum der Wurfweite erreicht wird. Es ist ohne weiteres klar, daß bei der Beantwortung der Frage der Wert von α bestimmend ist. Wie aus der Trigonometrie bekannt, erreicht $\sin 2\,\alpha$ mit wachsendem α den größten Wert, nämlich 1, wenn $2\,\alpha = 90^0$, also $\alpha = 45^0$ ist.

Ergebnis: Bei gegebener Anfangsgeschwindigkeit wird also bei dem Erhebungswinkel $\alpha = 45^0$ die größte Wurfweite erreicht.

6. Parabel und Gerade

Gegeben sei die Parabel

1. $\qquad\qquad y^2 = 2\,p\,x$ und die Gerade

2. $\qquad\qquad y = m\,x + n.$

Die Koordinaten der Schnittpunkte sind zu berechnen.

Aus 2. folgt $\qquad y^2 = (m\,x + n)^2.$

Setzt man 1. und 2. gleich, dann ist

3. $(m\,x + n)^2 = 2\,p\,x$

$$m^2 x^2 + 2\,mn\,x + n^2 = 2\,p\,x$$

$$x^2 - \frac{2\,(p - mn)\,x}{m^2} + \frac{n^2}{m^2} = 0$$

$$x_s = \frac{p - mn \pm \sqrt{(p - mn)^2 - m^2 n^2}}{m^2} = \frac{p - mn \pm \sqrt{p^2 - 2\,mn\,p}}{m^2}$$

$$= \frac{p - mn \pm \sqrt{p\,(p - 2\,mn)}}{m^2}.$$

Für die Lage der Geraden zur Parabel ergeben sich, wie beim Kreise, drei Fälle. Wie dort, wollen wir den unter der Wurzel stehenden Ausdruck, die Diskriminante, betrachten:

1. $\qquad\qquad p > 2\,mn$ (zwei Schnittpunkte, Sekante),
2. $\qquad\qquad \boldsymbol{p = 2\,mn}$ (eine reelle Lösung, Tangente),
3. $\qquad\qquad p < 2\,mn$ (keine reelle Lösung).

Die Gerade $y = m\,x + n$ ist Parabeltangente, wenn $p = 2\,mn$ oder $(p/2) = mn$ ist. Diese Tangentenbedingung ist, wie später gezeigt werden soll, ein wichtiges Hilfsmittel bei der Lösung von Aufgaben.

Zunächst wollen wir sie dazu benutzen, um die Gleichung der Tangente im Punkte $P_1\,(x_1,\,y_1)$ der Parabel abzuleiten.

7. Gleichung der Tangente

1. **Ableitung:** Nach der soeben entwickelten Tangentenbedingung ist die Gerade $y = mx + n$ dann Tangente der Parabel $y^2 = 2px$, wenn $p = 2mn$ ist. Da Punkt $P_1 (x_1, y_1)$ ein Parabelpunkt ist, so können die Unbekannten m und n aus den beiden Gleichungen:

1. $y_1 = mx_1 + n$

2. $p = 2mn$

bestimmt werden. Aus 1. erhält man $n = y_1 - mx_1$; nach Einsetzen in 2. wird

$$p = 2m(y_1 - mx_1) \text{ oder } 2m^2 x_1 - 2my_1 + p = 0; \ m^2 - \frac{y_1}{x_1} m + \frac{p}{2x_1} = 0, \text{ also}$$

$$m = \frac{y_1}{2x_1} \pm \sqrt{\frac{y_1^2 - 2px_1}{4x_1^2}}.$$

Die Diskriminante wird zu 0, da $y_1^2 = 2px_1$ ist. Es ist also $m = y_1/(2x_1)$ und somit, da $n = \frac{p}{2m}$ ist, $n = \frac{p \cdot 2x_1}{2y_1} = \frac{px_1}{y_1}$.

Setzt man diese Werte für m und n in die allgemeine Gleichung $y = mx + n$ ein, dann ist

$$y = \frac{y_1}{2x_1} \cdot x + \frac{px_1}{y_1}$$

oder, nach Multiplikation mit y_1,

$$y y_1 = \frac{y_1^2}{2x_1} \cdot x + px_1.$$

Da man $y_1^2 = 2px_1$ setzen kann, so ist

$$y y_1 = px + px_1$$

oder

$$\boldsymbol{y\, y_1 = p\, (x + x_1)}.$$

Das ist die Gleichung der Tangente im Berührungspunkte $P_1 (x_1, y_1)$.

2. **Ableitung:** Für die Gleichung der Tangente im Kurvenpunkte $P_1 (x_1, y_1)$ der Parabel $y^2 = 2px$ gilt allgemein

$$y - y_1 = m (x - x_1).$$

Der noch unbestimmte Richtungsfaktor m soll mit Hilfe der Differentialrechnung bestimmt werden. Da, wie bereits bekannt, der Differentialquotient einer Funktion den Tangens des Winkels darstellt, den die Kurventangente mit der x-Achse bildet, so ist es nur nötig, die Gleichung der Parabel $y^2 = 2px$ zu differentiieren und in dem erhaltenen Differentialquotienten die laufenden Koordinaten durch die des bestimmten Berührungspunktes $P_1 (x_1, y_1)$ zu ersetzen.

Es ist $y^2 = 2px$, daraus $y = \sqrt{2px}$, dazu $y' = \frac{2p}{2\sqrt{2px}} = \frac{p}{y}$, also:

$m = \dfrac{p}{y_1}$, und die Gleichung der Tangente $y - y_1 = \dfrac{p}{y_1}(x - x_1)$ und hieraus,
nach leichter Umformung,

$$y\, y_1 = p\,(x + x_1).$$

Wo schneidet die Tangente die x-Achse?

Im Schnittpunkte der Tangente mit der x-Achse muß
$y = 0$ sein. Aus

$$y\, y_1 = p\,(x + x_1)$$

erhält man somit $\quad 0 = p\,(x_s + x_1)$

und hieraus $\quad -p\, x_s = p\, x_1$

$$x_s = -x_1.$$

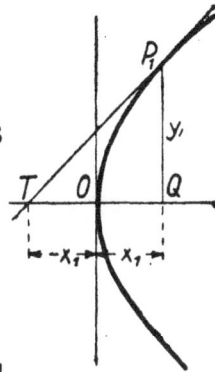

Abb. 48.

Da in dem rechtwinkligen $\triangle\, T Q\, P_1$ die Strecke $T\, P_1$
die Länge des Tangentenabschnittes darstellt und die
Projektion $T\, Q$ dieses Tangentenabschnittes auf die x-
Achse als Subtangente bezeichnet wird, so läßt sich das aus der obigen Rechnung erhaltene Ergebnis $x_s = -x_1$ in dem Satz zusammenfassen:

Der Scheitel der Parabel halbiert die Subtangente.

Welche Konstruktion ergibt sich hieraus für die Parabeltangente?

8. Brennpunkteigenschaften der Parabel

Sie lassen sich in diesem Zusammenhang leicht ableiten.
Aus Abb. 49 folgt:

$$P F = P R = T F = T O + (p/2).$$

Somit ist, da auch $P R \parallel T F$ ist, das Viereck $T F P R$ ein Rhombus, dessen
lange Diagonale der Tangentenabschnitt $T P$ ist. Ihr Mittelpunkt U muß
auf der Scheiteltangente liegen. Warum?

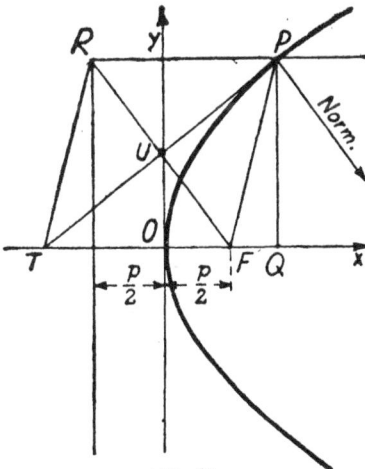

Abb. 49.

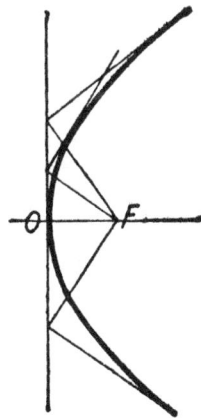

Abb. 50.

Aus diesen Betrachtungen ergeben sich zwei wichtige Parabelsätze:

1. Der F u ß p u n k t des Lotes, das vom Brennpunkt auf die Tangente gefällt wird, liegt stets auf der Scheiteltangente. (Abstand der Tangente vom Brennpunkt.)

2. Die Tangente halbiert den von dem Brennstrahl PF und der durch den Berührungspunkt P gehenden Parallelen zur x-Achse gebildeten Winkel, die Senkrechte aber, Normale genannt, den N e b e n w i n k e l.

Zu 1.: Die Hüllkonstruktion der Parabel. Ist der Scheitel 0 und der Brennpunkt F einer Parabel gegeben, so lassen sich beliebig viele Tangenten an die gesuchte Parabel zeichnen, indem man den Scheitel des rechten Winkels eines Winkeldreiecks so auf der Scheiteltangente (y-Achse) bewegt, daß die eine Kathete stets durch den Brennpunkt geht. Die andere Kathete ist dann die Parabeltangente.

Zu 2.: Nach Satz 2 halbiert die Normale den von Brennstrahl und Parallele zur x-Achse gebildeten Nebenwinkel. Sie ist also Einfallslot für alle parallel zur Achse einfallenden Lichtstrahlen auf einen parabolischen Spiegel, der die Strahlen zum Brennpunkte zurückwirft. Daher gilt umgekehrt der Satz: Steht eine Lichtquelle im Brennpunkt eines parabolischen Spiegels, so werden die von ihr ausgehenden Lichtstrahlen parallel zur Achse zurückgeworfen (Scheinwerfer).

9. Gleichung der Normalen

Sie ist, wie bereits bekannt, die im Berührungspunkte einer Kurventangente errichtete Senkrechte. Ihre Gleichung läßt sich in einfacher Weise aus der Gleichung der Parabeltangente ableiten. Ist der Richtungsfaktor der Tangente $m = p/y_1$, so gilt für die Steigung der Normalen $m_1 = -y_1/p$. Ihre Gleichung lautet demnach

$$y - y_1 = -\frac{y_1}{p}(x - x_1).$$

Für den Schnittpunkt der Normalen mit der x-Achse erhält man somit, da y zu 0 wird,

$$0 - y_1 = -(y_1/p)(x - x_1) \quad \text{oder} \quad -1 = -(1/p)(x - x_1), \text{ also}$$
$$x_s = x_1 + p,$$

d. h. die Projektion des Normalenabschnittes $P_1 N$ auf die x-Achse, S u b n o r m a l e genannt, ist stets gleich dem Halbparameter p (s. Abb. 51). Wandert also der Punkt P auf der Parabel, so bewegen sich die Endpunkte N der Subnormalen so auf der x-Achse, daß die Subnormale stets die Länge p beibehält.

Aus Abb. 51 lassen sich leicht die Längen der „Berührungsgrößen" ablesen:

Länge des Tangentenabschnittes $T P_1 = \sqrt{(2 x_1)^2 + y_1^2}$

„   der Subtangente $T F = 2 x_1$

„   des Normalenabschnittes $P_1 N = \sqrt{y_1^2 + p^2}$

„   der Subnormalen $N F = p.$

10. Durchmesser der Parabel

Legt man in eine Parabel parallele Sehnen und bestimmt ihre Mittelpunkte, so liegen diese, wie aus Abb. 48 ersichtlich, auf einer Geraden, die
der x-Achse parallel läuft. Man nennt solche Gerade „Durchmesser der
Parabel", weil ihnen die Durchmesser von Ellipsen und von Kreisen ent-
sprechen. Die analytische Betrachtung bestätigt die genannte Beziehung
zu den Sehnen und liefert uns die
Gleichung des Durchmessers.

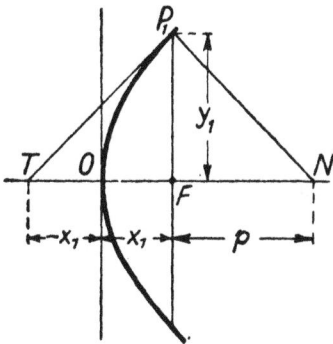

Abb. 51.

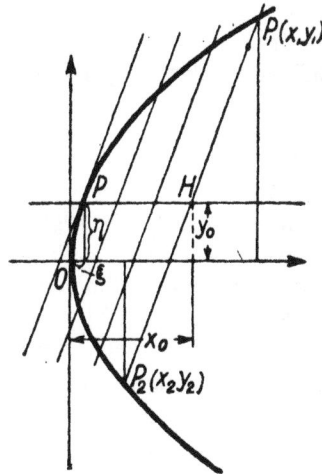

Abb. 52.

Es sei $y = m x + n$ die Gleichung einer der parallelen Sehnen. $P_1 (x_1, y_1)$
und $P_2 (x_2, y_2)$ seien die Endpunkte, $H (x_0, y_0)$ sei der Mittelpunkt der Sehne.
Es ist demnach, wie man aus dem Ergebnis der Berechnung der Schnittpunkte
zwischen Parabel und Gerade entnehmen kann

$$x_1 + x_2 = \frac{2 (p - m n)}{m^2}.$$

Also gilt für den Halbierungspunkt H

$$x_0 = \frac{x_1 + x_2}{2} = \frac{p - m n}{m^2}.$$

Da aber $H (x_0, y_0)$ auf der Sehne $y = m x + n$ liegt, so muß

$$y_0 = m x_0 + n$$

sein. Setzt man für x_0 den oben errechneten Wert ein, dann ist

$$y_0 = \frac{m (p - m n)}{m^2} + n \quad \text{oder} \quad y_0 = \frac{p - m n + m n}{m}$$

$$y_0 = p/m,$$

d. h. die Halbierungspunkte haben alle den gleichen Abstand von der x-Achse.
Die Gleichung des Durchmessers stellt somit eine der x-Achse parallele Gerade dar.

Welche Richtung hat die Tangente, die im Endpunkte P $(\xi.\ \eta)$ eines Parabeldurchmessers an die Parabel gelegt ist?

Die Richtungskonstante m_1 der in P an die Parabel gelegten Tangente ist
$$m_1 = p/\eta.$$
Für jeden Punkt des Durchmessers, also auch für den Scheitelpunkt P gilt aber $\eta = p/m$. Daraus folgt
$$m = p/\eta$$
und somit $m_1 = m$, d. h. die Tangente im Endpunkte des Durchmessers ist den halbierten Sehnen parallel.

11. Aufgaben

1. Von dem Punkte P $(2, 5)$ sollen die Tangenten an die Parabel $y^2 = 12\, x$ gelegt werden.

Es sei $y = mx + n$ die allgemeine Form der gesuchten Gleichung. Zur Bestimmung von m und n dient

a) die Tangentenbedingung $p/2 = mn$, also $3 = m \cdot n$,

b) die Bedingung, daß die Koordinaten des Punktes P $(2, 5)$ der Gleichung $y = mx + n$ genügen müssen. Es muß also $5 = 2\, m + n$ sein.

Aus $2\, m + n = 5$ und $mn = 3$ erhält man die quadratische Gleichung
$$2\, m^2 - 5\, m + 3 = 0 \quad \text{und hieraus}$$
$$m_1 = 3/2, \quad m_2 = 1; \quad n_1 = 2, \quad n_2 = 3.$$

Ergebnis:
$$t_1 \equiv y = (3/2)\, x + 2$$
$$t_2 \equiv y = x + 3.$$

2. Um den Brennpunkt der Parabel $y^2 = 4\, x$ ist der Kreis mit dem Radius $r = 10$ beschrieben. Berechne die Koordinaten der Schnittpunkte und den Schnittwinkel der beiden Kurven! (Schnittwinkel der Tangenten.)

Aus der Kreisgleichung $(x - 1)^2 + y^2 = 100$ (M ist um $p/2 = 1$ verschoben) und der Parabelgleichung $y^2 = 4\, x$ erhält man die quadratische Gleichung
$$(x - 1)^2 + 4\, x - 100 = 0 \quad \text{oder}$$
$$x^2 + 2\, x - 99 = 0 \quad \text{und hieraus}$$
$$x_1 = 9; \quad y_1 = 6$$
$$x_2 = 9; \quad y_2 = -6$$
$$x_3 = -11; \quad y_3 = 2\sqrt{-11} \quad \left.\begin{array}{l}\end{array}\right\} \text{imaginäre Lösungen,}$$
$$x_4 = -11; \quad y_4 = -2\sqrt{-11} \quad \left.\begin{array}{l}\end{array}\right\} \begin{array}{l}\text{keine reellen Schnitt-}\\\text{punkte.}\end{array}$$

Parabeltangenten in den Schnittpunkten
$$\pm 6\, y = 2\, (x + 9)$$
$$y = \pm [(1/3)\, x + 3]$$
mit $m_{P1} = 1/3$ und $m_{P2} = -1/3$.

Kreistangenten in den Schnittpunkten
$$(x - 1)(x_1 - 1) + (y - 0)(y_1 - 0) = 100$$
$$8\,(x - 1) \pm 6\, y = 100$$
$$y = \pm [-(4/3)\, x + 18]$$
mit $m_{K1} = -4/3$ und $m_{K2} = 4/3$.

Schnittwinkel

$$\operatorname{tg} \varphi_1 = \frac{m_{P1} - m_{K1}}{1 + m_{P1} \, m_{K1}} = \frac{1/3 + 4/3}{1 - (1/3)\,4/3} = \frac{5/3}{5/9} = 3$$

$$\operatorname{tg} \varphi_2 = \frac{-1/3 - 4/3}{1 - (1/3)\,4/3} = -3.$$

Die Tangenten in einem Schnittpunkt schließen den gleichen Winkel ein, wie die im anderen, aber ihre Reihenfolge bezüglich Drehsinn um ihren Schnittpunkt erscheint vertauscht, entsprechend $\operatorname{tg} \varphi_1 = -\operatorname{tg} \varphi_2$.

3. Wie lautet die Gleichung der Parabel, die die Gerade $y = (3/4)\,x + 2$ berührt? Aus der Tangentenbedingung $p/2 = mn$ erhält man, da $m = 3/4$ und $n = 2$ ist: $p/2 = (3/4) \cdot 2$, also $p = 3$ und $2\,p = 6$. Somit lautet die Parabelgleichung: $y^2 = 6\,x$.

4. Für welchen Punkt der Parabel $y^2 = 2\,p\,x$ ist der Tangentenabschnitt gleich dem Normalenabschnitt? Man erhält (s. Berührungsgrößen):

$$\sqrt{4\,x^2 + y^2} = \sqrt{y^2 + p^2}; \quad 4\,x^2 + y^2 = y^2 + p^2; \quad x^2 = p^2/4; \quad x = p/2.$$

5. An die Parabel $y^2 = 16\,x$ soll die Tangente gelegt werden, die vom Brennpunkt den Abstand $d = 5$ hat.
Unter Anwendung des Parabelsatzes 1 erhält man aus $\triangle OFU$

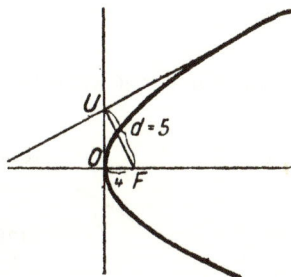

$$(O\,U)^2 = n^2 = 5^2 - 4^2, \text{ also } n = \pm 3.$$

Aus der Tangentenbedingung $p/2 = m \cdot n$ folgt

$$4 = \pm 3\,m, \text{ also } m = \pm 4/3.$$

Ergebnis: $t_1 = y = (4/3)\,x + 3$
$t_2 = y = -(4/3)\,x - 3$

6. Wie lautet die Gleichung der Sekante, die durch den Brennpunkt der Parabel $y^2 = 10\,x$ geht und vom Scheitel den Abstand 2 hat?

Abb. 53.

Die Sekante soll durch den Brennpunkt $F\,(5/2;\ 0)$ gehen. Man sucht also die Gleichung der Geraden, die durch den Punkt $F\,(5/2;\ 0)$ geht und vom Nullpunkt den Abstand 2 hat. Die Gleichung sei nach Hesse $x \cdot \cos \varphi + y \cdot \sin \varphi - d = 0$, also $x \cdot \cos \varphi + y \cdot \sin \varphi - 2 = 0$. Hier ist φ noch unbekannt. Dafür weiß man aber, daß die Gerade durch den Punkt $F\,(5/2;\ 0)$ gehen soll. Es muß also sein:

$$(5/2) \cos \varphi + 0 \cdot \sin \varphi = 2, \text{ somit } \cos \varphi = 4/5.$$

Als 2. Bedingung hat man $\sin^2 \varphi + \cos^2 \varphi = 1$ und somit

$$\sin \varphi = \pm \sqrt{1 - (16/25)} = \pm (3/5).$$

Die gesuchte Sekante hat also die Gleichung

$$(4/5)\,x \pm (3/5)\,y - 2 = 0.$$

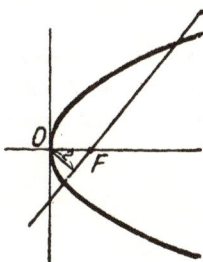

Abb. 54.

7. Durch den Brennpunkt der Parabel $y^2 = 2\,p\,x$ soll die Sehne von der Länge $4\,p$ gezogen werden. Wie lautet ihre Gleichung?

Da die gesuchte Gleichung der Sekante durch den Brennpunkt geht, so lautet ihre Gleichung

$$y - 0 = m\,(x - p/2)$$
$$y = m\,x - m\,p/2$$

Hier ist m unbekannt. Nun ist aber $(x_1 - x_2)^2 + (y_1 - y_2)^2 = (4\,p)^2$. Verwendet man zur weiteren Rechnung die bei dem Schnitt einer Geraden mit einer Parabel erhaltenen Werte für x_1, x_2 bzw. y_1, y_2, so erhält man unter Beachtung der Beziehung $n = -\,m\,p/2$ aus der bereits aufgestellten Sekantengleichung:

$$(x_1 - x_2)^2 = \frac{4\,p^2\,(1 + m^2)}{m^4}$$

$$(y_1 - y_2)^2 = \frac{4\,p^2\,(1 + m^2)}{m^2} \quad \text{also}$$

$$\frac{4\,p^2\,(1 + m^2)}{m^4} + \frac{4\,p^2\,(1 + m^2)}{m^2} = 16\,p^2;\ \text{Division durch } 4\,p^2 \text{ ergibt:}$$

$$1 + m^2 + m^2 + m^4 = 4\,m^4 \quad \text{oder}$$
$$m^4 - (2/3)\,m^2 - 1/3 = 0$$
$$m^2 = 1 \quad \text{bzw.} \ -1/3$$
$$m = \pm\,1 \quad \text{bzw.} \ \pm\,i/\sqrt{3}$$

Somit erhält man als gesuchte Gleichung

$$\text{Sek}_1 \equiv y = x - p/2$$
$$\text{und } \text{Sek}_2 \equiv y = -\,x + p/2$$

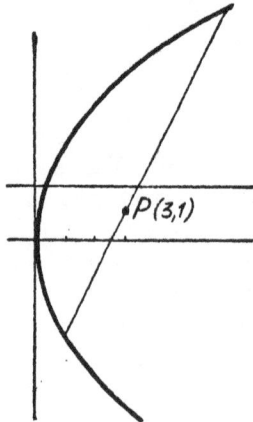

Abb. 55.

8. Gegeben ist die Parabel $y^2 = 8\,x$ und der Durchmesser $y - 2 = 0$. Wie heißt die Gleichung der Sehne, die durch den Punkt $P\,(3, 1)$ geht und durch diesen Durchmesser halbiert wird?

In der gesuchten Gleichung $y - 1 = m\,(x - 3)$ ist m unbekannt, das sich aber aus der Gleichung des Durchmessers $y = p/m$ leicht bestimmen läßt. Man erhält $2 = 4/m$, also $m = 2$ und somit als Gleichung

$$y - 1 = 2\,(x - 3) \quad \text{oder}$$
$$y = 2\,x - 5.$$

9. Gegeben sind die beiden Kurven $x^2 + y^2 = 16$ und $y^2 = 6\,x$. Wo und unter welchem Winkel schneiden sie einander? Wie lauten die Gleichungen der gemeinschaftlichen Tangenten?

a) Schnittpunkte

$$\text{Aus } x^2 + y^2 = 16 \quad \text{und}$$
$$y^2 = 6\,x \quad \text{folgt}$$
$$x^2 + 6\,x - 16 = 0$$

$$x_1 = 2; \qquad y_1 = 2\sqrt{3}$$
$$x_2 = 2; \qquad y_2 = -2\sqrt{3}$$
$$x_3 = -8; \qquad y_3 = i\,4\sqrt{3} \quad \left.\right\} \text{keine reellen}$$
$$x_4 = -8; \qquad y_4 = -i\,4\sqrt{3} \quad \left.\right\} \text{Schnittpunkte}$$

b) Schnittwinkel

Richtungsfaktoren der Kreistangenten

$$m_{K1} = -x_1/y_1 = -2/(2\sqrt{3}) = -1/\sqrt{3}.$$
$$m_{K2} = -x_2/y_2 = 1/\sqrt{3}$$

Richtungsfaktoren der Parabeltangenten

$$m_{P1} = p/y_1 = (3/2)\sqrt{3} = \sqrt{3}/2$$
$$m_{P2} = p/y_2 = -\sqrt{3}/2$$

Demnach ist

$$\operatorname{tg} \varphi = \frac{m_K - m_P}{1 + m_K \cdot m_P}$$

$$\operatorname{tg} \varphi_1 = \frac{-1/\sqrt{3} - \sqrt{3}/2}{1 - (1/\sqrt{3})\sqrt{3}/2} = -5/\sqrt{3}$$

$$\operatorname{tg} \varphi_2 = 5/\sqrt{3}$$

c) Gemeinschaftliche Tangenten

Die Gleichungen der gemeinschaftlichen Tangenten an die beiden Kurven seien

1. $\qquad y = m_1 x + n_1$
2. $\qquad y = m_2 x + n_2.$

Eine Gerade wird Kreistangente, wenn $r^2(1 + m^2) = n^2$ ist, sie wird Parabel-tangente, wenn

$$p/2 = mn \quad \text{ist.}$$

Zur Bestimmung von m und n erhält man somit die beiden Gleichungen:

3. $\qquad 16(1 + m^2) = n^2$
4. $\qquad 3/2 = m \cdot n.$

Da $n^2 = 9/(4\,m^2)$ ist, so erhält man aus 3:

$16 + 16\,m^2 = 9/(4\,m^2)$ also $64\,m^4 + 64\,m^2 = 9$ oder $m^4 + m^2 - (9/64) = 0$

$$m^2 = 1/8 \quad \text{bzw.} \quad -9/8,$$

also

$$m_1 = +(1/4)\sqrt{2}; \; n_1 = +\frac{3}{(1/2)\sqrt{2}} = +3\sqrt{2}$$

$$m_2 = -(1/4)\sqrt{2}; \; n_2 = -\frac{3}{(1/2)\sqrt{2}} = -3\sqrt{2}.$$

Setzt man diese Werte in 1. und 2. ein, so erhält man als Gleichungen der gemeinschaftlichen Tangenten

$$t_1 = y = (1/4)\sqrt{2}\,x + 3\sqrt{2}$$
$$t_2 = y = -(1/4)\sqrt{2}\,x - 3\sqrt{2}$$

10. Wie lautet die Gleichung einer Parabel, welche durch den Kreis $(x - a)^2 + y^2 = r^2$ von innen berührt wird, wenn ihre Achse mit der x-Achse zusammenfällt?

Wir bringen den Kreis mit der Parabel zum Schnitt und erhalten aus

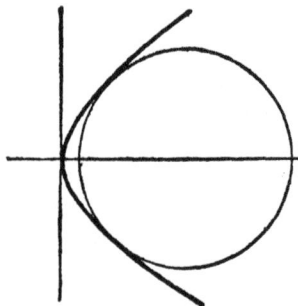

$$(x - a)^2 + y^2 = r^2 \quad \text{und} \quad y^2 = 2px$$

die Gleichung

$$x^2 - 2ax + a^2 + 2px - r^2 = 0 \quad \text{oder}$$

$$x^2 - 2(a - p)x + a^2 - r^2 = 0$$

$$x_s = (a - p) \pm \sqrt{a^2 - 2ap + p^2 - a^2 + r^2}$$

$$= (a - p) \pm \sqrt{p^2 - 2ap + r^2}.$$

Abb. 56.

Eine Berührung beider Kurven findet statt, wenn die beiden Schnittpunkte x_{s1} und x_{s2} zusammenfallen, d. h. wenn die Diskriminante $D = p^2 - 2ap + r^2$ zu 0 wird. Die Diskriminante enthält die konstanten Größen a und r und die noch unbekannte Größe p. Welchen Wert muß nun p annehmen, damit $D = 0$ wird?

Aus $p^2 - 2ap + r^2 = 0$ erhält man $p = a \pm \sqrt{a^2 - r^2}$.

Für die Lösung kommt nur der Wert $(p < a)$ also $p_t = a - \sqrt{a^2 - r^2}$ in Betracht, da andernfalls x_s einen negativen Wert annehmen würde.

Zahlenbeispiel: $a = 10$, $r = 6$; Ergebnis: $p_t = 2$.

11. Ein gerader Kegel $(h = 15, s = 17)$ wird im Abstand $d = 5$ von der Seitenlinie durch eine parallele Ebene geschnitten. Bestimme die Gleichung der Schnittlinie!

In Abb. 57 ist A der Scheitel der Kurve, AC die x-Achse. Legt man durch einen beliebigen Punkt P der Schnittlinie eine zur Achse des Kegels senkrechte Ebene, dann schneidet diese die x-Achse in C und die Seitenlinien in B und D. Man erhält dann nach dem Höhensatz

$$y^2 = BC \cdot CD, \quad \text{und da } CD = AE \text{ ist:}$$

$$y^2 = BC \cdot AE.$$

BC läßt sich mit Hilfe der ähnlichen Dreiecke ACB und SEA durch einen anderen Ausdruck ersetzen. Es verhält sich

$$\frac{BC}{x} = \frac{AE}{AS}.$$

Somit ist

$$BC = \frac{AE}{AS} \cdot x$$

und man erhält

$$y^2 = (AE^2/AS) \cdot x.$$

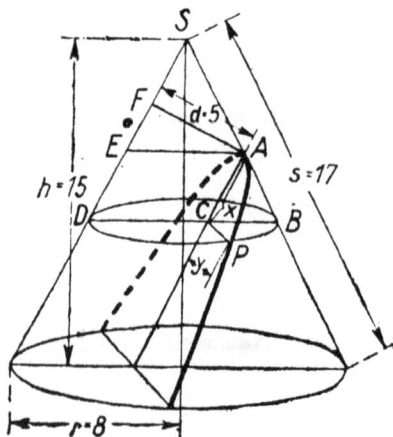

Abb. 57.

Mit Hilfe geometrischer Beziehungen läßt sich der Quotient $A E^2/A S$ durch die gegebenen Größen $h = 15$, $s = 17$ (damit ist auch $r = 8$ bekannt) und $d = 5$ ausdrücken. Man erhält aus ähnlichen Dreiecken

$$1. \quad A E/A S = 16/17 \qquad\qquad 2. \quad A E/5 = 17/15$$

und somit $\qquad A E^2/A S = 16 \cdot 5 \cdot 17/(17 \cdot 15) = 16/3.$

Die Schnittlinie ist somit eine Parabel, deren Gleichung lautet:

$$y^2 = (16/3)\ x.$$

12. Bestimme die gemeinsame Tangente von $y = x^2$ und ihrer inversen Funktion! Löst man die Gleichung $y = x^2$ nach x auf, so erhält man

$$x = \sqrt{y}.$$

Vertauscht man nachträglich x mit y, um wieder x als unabhängige Variable zu erhalten, so heißt $y = \sqrt{x}$ die inverse Funktion von $y = x^2$. Unter Inversion oder Umkehrung versteht man den Vorgang des Überganges von $y = x^2$ über $x = \sqrt{y}$ zu $= y\sqrt{x}$.

Man erhält das Bild der inversen Funktion, wenn man die ursprüngliche Funktion $y = x^2$ um die Halbierungslinie des von der $+ x$- und $+ y$-Achse gebildeten Winkels umklappt (s. Abb. 58).

Die Gleichung der gemeinsamen Tangente sei $y = m x + n$. In dieser Gleichung sind m und n unbekannt. Um m und n zu bestimmen, bringt man die Gleichung $y = m x + n$ mit $y = x^2$ und der inversen Funktion $y = \sqrt{x}$ zum Schnitt. Aus der Diskriminante der beiden quadratischen Gleichungen läßt sich

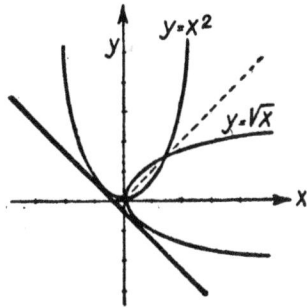

Abb. 58.

dann leicht die Tangentenbedingung und daraus m und n errechnen.

1. Aus $y = m x + n$ und $y = x^2$ erhält man $x^2 - m x - n = 0$

$$x_s = \frac{m}{2} \pm \sqrt{\frac{m^2}{4} + \frac{4 n}{4}}.$$

Die Gerade $y = m x + n$ wird also Tangente der Kurve, wenn

$$D_1 = m^2 + 4 n = 0 \text{ ist.}$$

2. Aus $\qquad\qquad y = m x + n$ und $y = \sqrt{x}$ erhält man:

$$m x - \sqrt{x} + n = 0; \quad \text{gesetzt: } \sqrt{x} = z, \text{ dann}$$

$$m z^2 - z + n = 0$$

$$z^2 - \frac{1}{m}\ z + \frac{n}{m} = 0$$

$$z_s = \frac{1}{2 m} \pm \sqrt{\frac{1}{4 m^2} - \frac{4 m n}{4 m^2}}$$

$$= \frac{1}{2 m} \pm \frac{1}{2 m} \sqrt{1 - 4 m n}.$$

Hier ist $D_2 = 1 - 4\,mn = 0$. Aus $D_2 = -4\,mn + 1 = 0$ erhält man:
$n = 1/(4\,m)$ und daraus und aus $D_1 = m^2 + 4\,n = 0$ schließlich
$m^3 = -1$ oder $m = -1$,
$m = -1$ und $n = -1/4$ in $y = m\,x + n$ eingesetzt, ergibt $y = -x - 1/4$.

Die Ellipse

1. Definition der Ellipse und Bezeichnungen

Die Ellipse ist der geometrische Ort aller Punkte, deren Entfernungssumme von zwei festen Punkten, den „Brennpunkten" F_1 und F_2 konstant $= 2\,a$ ist.

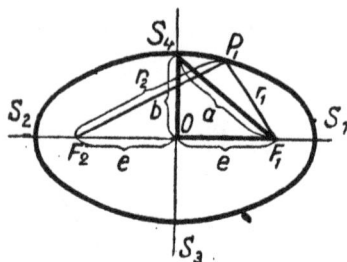

Es ist O der Mittelpunkt,

$F_1 F_2 = 2e$, also $O F_1 = e$ die lineare Exzentrizität,

$S_1 S_2 = 2a$ die große,

$S_3 S_4 = 2b$ die kleine Achse,

$P_1 F_1 = r_1$ Brennstrahl,

$P_1 F_2 = r_2$ Brennstrahl,

$\triangle\, O F_1 S_4$ das charakteristische Dreieck der Ellipse mit der Hypotenuse a und den Katheten b und e ($e = \sqrt{a^2 - b^2}$).

Abb. 59.

2. Konstruktionen der Ellipse

1. Mechanische Konstruktion (Fadenkonstruktion)

Man befestigt in F_1 und F_2 die Enden eines Fadens, der länger als die Entfernung $F_1 F_2$ ist. Spannt man ihn mit einem Stift und läßt diesen an dem gespannten Faden entlanggleiten, dann beschreibt er eine Ellipse, denn es ist $F_1 P_1 + F_2 P_1 = 2a =$ Länge des Fadens.

2. Geometrische Konstruktion

Gegeben sind die beiden Brennpunkte F_1 und F_2 und die Strecke $s = 2a$. Teilt man s in zwei beliebige Teile, dann stellen die beiden Teile die Brenn-

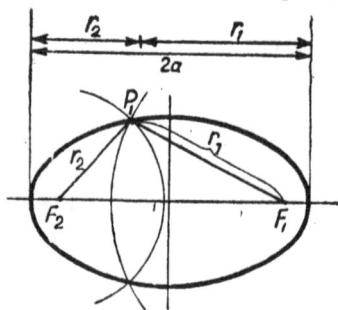

Abb. 60.

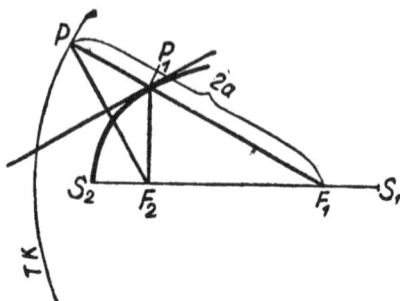

Abb. 61.

strahlen r_1 und r_2 dar. Beschreibt man nun mit r_1 und r_2 als Radien, Kreise um F_1 und F_2, dann sind ihre Schnittpunkte Ellipsenpunkte, da sie die Bedingung $F_1 P_1 + P_1 F_2 = 2a$ erfüllen. Jede andere Teilung von $2a$ liefert andere Brennstrahlen und damit weitere Ellipsenpunkte.

3. Zu einer für spätere Betrachtungen wichtigen Konstruktion von Ellipsenpunkten gelangt man, wenn man um einen der gegebenen Brennpunkte F_1 mit der gegebenen Strecke $s = 2a$ einen Kreis beschreibt und einen beliebigen Punkt P dieses Kreises mit den beiden Brennpunkten verbindet. Errichtet man dann auf PF_2 das Mittellot, dann erhält man in dem Schnittpunkt des Lotes mit der Verbindungslinie PF_1 den Ellipsenpunkt P_1 ($\triangle F_2 P_1 P$ ist gleichschenklig, und somit ist die Bedingung $F_1 P_1 + F_2 P_1 = 2a$ erfüllt). Da der um F_1 mit $2a$ beschriebene Kreis bei der Konstruktion eine ähnliche Bedeutung hat, wie die Leitlinie bei der Parabel, so nennt man ihn den Leitkreis. Was stellt das Mittellot auf PF_2 dar?

3. Gleichung der Ellipse

Die aus der Bedingung $PF_1 + PF_2 = 2a$ herzuleitende Gleichung wird am einfachsten, wenn man die beiden Achsen der Ellipse als Koordinatenachsen wählt. Für den Punkt $P(x, y)$ gilt dann:

$$\sqrt{y^2 + (e-x)^2} + \sqrt{y^2 + (e+x)^2} = 2a$$
$$\sqrt{y^2 + (e+x)^2} = 2a - \sqrt{y^2 + (e-x)^2}.$$

Quadriert man, so ist

$$y^2 + e^2 + 2ex + x^2 = 4a^2 - 4a\sqrt{y^2 + e^2 - 2ex + x^2} + y^2 + e^2 - 2ex + x^2$$
$$4a\sqrt{y^2 + e^2 - 2ex + x^2} = 4a^2 - 4ex.$$

Nach Division durch 4 und Quadrieren erhält man

oder
$$a^2 y^2 + a^2 e^2 - 2a^2 ex + a^2 x^2 = a^4 - 2a^2 ex + e^2 x^2$$
$$x^2 (a^2 - e^2) + a^2 y^2 = a^2 (a^2 - e^2).$$

Setzt man für die zweimal auftretende Differenz $a^2 - e^2$ den Wert b^2 (s. charakteristisches Dreieck), dann ist $x^2 b^2 + y^2 a^2 = a^2 b^2$; durch $a^2 b^2$ dividiert gibt

$$\frac{x^2}{a^2} + \frac{y^2}{b^2} = 1.$$

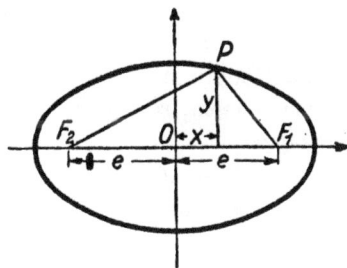

Abb. 62.

Das ist die Mittelpunktsgleichung der Ellipse. Nach y entwickelt erhält man

$$y = \pm \frac{b}{a}\sqrt{a^2 - x^2}.$$

Folgerungen:

1. Für $x = \pm a$ wird $y = 0$.
2. Für $x = 0$ wird $y = \pm b$.
3. Für $a = b$ (also $e = 0$), geht die Gleichung der Ellipse in die Kreisgleichung $x^2 + y^2 = a^2$ über.

4. Für $b = 0$ (also $a = e$) entartet sie zur doppelten Geraden.

5. Für $x = e$ erhält man aus

$$y = (b/a)\sqrt{a^2 - e^2} = (b/a)\sqrt{b^2}$$
$$y_p = b^2/a, \text{ den Halbparameter der Ellipse.}$$

4. Allgemeine Gleichung der Ellipse

Hat der Mittelpunkt M der Ellipse die Koordinaten p und q, dann erhält man durch Parallelverschiebung des Koordinatensystems die allgemeine Gleichung

$$\frac{(x - p)^2}{a^2} + \frac{(y - q)^2}{b^2} = 1$$

oder
$$b^2(x^2 - 2px + p^2) + a^2(y^2 - 2qy + q^2) - a^2b^2 = 0,$$
$$b^2x^2 + a^2y^2 - 2b^2px - 2a^2qy + b^2p^2 + a^2q^2 - a^2b^2 = 0.$$

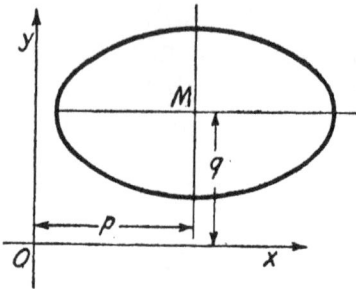

Abb. 63.

Die Gleichung ist also von der Form

$$A x^2 + B y^2 + C x + D y + E = 0,$$

wobei die bei der Multiplikation der quadratischen Ausdrücke entstehenden Konstanten $a^2q^2 + b^2p^2 - a^2b^2$ zur Abkürzung mit E bezeichnet sind.

Liegt also eine Gleichung von der obigen Form vor, bei der die Glieder mit x^2 und y^2 gleiche Vorzeichen haben, dann stellt sie eine Ellipse dar, deren Achsen den Koordinatenachsen parallel laufen.

Anmerkung: Auf den Fall, daß die Gleichung überhaupt keine geometrische Deutung zuläßt, wird in Aufgabe 4 eingegangen.

Aufgaben:

1. Wie lautet die Gleichung der Ellipse, die durch die Punkte $P_1 (2, 2)$ $P_2 (4, 1)$ geht?
Da die Koordinaten der Punkte P_1 und P_2 der Gleichung der Ellipse genügen müssen, so erhält man zur Bestimmung der beiden Halbachsen die Gleichungen:

     1. $4/a^2 + 4/b^2 = 1$;   2. $16/a^2 + 1/b^2 = 1$.
Setze $1/a^2 = u$ und $1/b^2 = v$.

Ergebnis: $x^2/20 + y^2/5 = 1$.

2. Bestimme diejenige Ellipse, die durch den Punkt $P_1 (9, 4)$ geht und das Halbachsenverhältnis $a : b = 3 : 1$ hat!
Die Halbachsen folgen aus den Gleichungen

     1. $81/a^2 + 16/b^2 = 1$;   2. $a^2 : b^2 = 9 : 1$.

Ergebnis: $x^2/225 + y^2/25 = 1$.

3. Eine Ellipse hat die lineare Exzentrizität $e = 4$, die numerische $\varepsilon = 4/5$. Bestimme ihre Gleichung!

Unter der linearen **Exzentrizität** e versteht man den Abstand des Brennpunktes vóm Mittelpunkt, unter der numerischen ε das Verhältnis dieses Abstandes zur großen Halbachse ($e/a = \varepsilon$).

1. Aus $e/a = 4/5$ folgt $4/a = 4/5$, also $a = 5$.
2. Aus $e^2 = a^2 - b^2$ folgt: $b^2 = a^2 - e^2 = 9$; $b = 3$.

Ergebnis: $\qquad\qquad\qquad x^2/25 + y^2/9 = 1.$

4. Bestimme die Lage des Mittelpunktes und die Länge der Halbachsen bei der Ellipse

$$5x^2 - 20x + 8y^2 - 48y + 52 = 0!$$

Nach Ausklammern und Bilden der quadratischen Ergänzung erhält man

$$5(x^2 - 4x + 4) + 8(y^2 - 6y + 9) = -52 + 20 + 72$$
$$5(x-2)^2 + 8(y-3)^2 = 40$$
$$(x-2)^2/8 + (y-3)^2/5 = 1.$$

Anmerkung: Wäre der Wert des konstanten Gliedes in der gegebenen Gleichung größer als 92, dann hätte die Gleichung keine geometrische Bedeutung, da die Summe von Quadraten reeller Zahlen stets positiv ist.

5. Brennstrahlen

Es ist, wie bereits bei der Aufstellung der Ellipsengleichung entwickelt,

$$r_1{}^2 = y^2 + (e-x)^2 \quad \text{und} \quad r_2{}^2 = y^2 + (e+x)^2; \quad \text{durch Subtraktion:}$$
$$r_2{}^2 - r_1{}^2 = (r_2 + r_1) \cdot (r_2 - r_1) = 4ex.$$

Nun ist $\qquad\qquad\qquad r_2 + r_1 = 2a.$

Nach Division erhält man $\qquad r_2 - r_1 = 2ex/a.$

Aus $\qquad r_2 + r_1 = 2a$ und $r_2 - r_1 = 2ex/a$ folgt:

$$r_2 = a + \frac{e}{a}x = \frac{a^2 + ex}{a}$$

und

$$r_1 = a - \frac{e}{a}x = \frac{a^2 - ex}{a}$$

oder

$$r_2 = a + \varepsilon x \quad \text{und}$$

$$r_1 = a - \varepsilon x, \quad \text{wo} \quad \varepsilon = e/a \quad \text{ist.}$$

6. Ellipse und Gerade

1. Bringt man eine Ellipse mit einer durch den 0-Punkt gehenden Geraden zum Schnitt, so erhält man aus den beiden Gleichungen

1. $\qquad\qquad b^2 x^2 + a^2 y^2 = a^2 b^2$ und
2. $\qquad\qquad\qquad y = mx$

die Schnittpunkte $x_s = \pm \dfrac{ab}{\sqrt{b^2 + a^2 m^2}}$; $y_s = \pm \dfrac{abm}{\sqrt{b^2 + a^2 m^2}}.$

Es gibt also stets zwei Schnittpunkte, und zwar sind die Abszissen und die Ordinaten beider Schnittpunkte gleich, aber entgegengesetzt. Jeder

Durchmesser der Ellipse, d. h. jede Sehne, die durch den 0-Punkt geht, wird also in diesem Punkte halbiert.

2. Bringt man eine Ellipse mit einer beliebigen Geraden zum Schnitt, so erhält man aus den beiden Gleichungen

    1. $b^2 x^2 + a^2 y^2 = a^2 b^2$ und

    2. $y = mx + n$ für die Schnittpunkte:

    3. $b^2 x^2 + a^2 m^2 x^2 + a^2 n^2 + 2 a^2 m \cdot n x = a^2 b^2$

$$x^2 (b^2 + a^2 m^2) + 2 a^2 m n x = a^2 b^2 - a^2 n^2$$

$$x_2 = - \frac{a^2 m n}{b^2 + a^2 m^2} \pm \sqrt{\frac{a^2 b^2 (b^2 + a^2 m^2 - n^2)}{(b^2 + a^2 m^2)^2}}$$

$$= \frac{- a^2 m n \pm a b \sqrt{b^2 + a^2 m^2 - n^2}}{b^2 + a^2 m^2}.$$

Aus der Betrachtung des Wurzelausdrucks folgt, daß drei Fälle eintreten können:

    1. $b^2 + a^2 m^2 > n^2$ (zwei Lösungen, Sekante).

    2. $b^2 + a^2 m^2 < n^2$ (keine reelle Lösung, da der Wurzelausdruck imaginär wird,

    3. $b^2 + a^2 m^2 = n^2$. Man erhält in diesem Falle zwei zusammenfallende Schnittpunkte, die Gerade wird also Tangente.

7. Gleichung der Tangente

1. Ableitung. Legt man durch den Punkt P_1 der Ellipse eine Sekante, welche die Kurve im Punkte $P_2 (x_2, y_2)$ schneidet, dann ist die Gleichung der Verbindungsgeraden $P_1 P_2$

$$\frac{y - y_1}{x - x_1} = \frac{y_1 - y_2}{x_1 - x_2}.$$

In dieser Gleichung stellt die rechte Seite den Richtungsfaktor der Sekante dar. Da aber x_1 und x_2 bzw. y_1 und y_2 die Koordinaten für die Ellipenpunkte P_1 und P_2 sind, so müssen sie der Gleichung der Ellipse genügen. Es muß also sein:

    1. $\dfrac{x_1^2}{a^2} + \dfrac{y_1^2}{b^2} = 1$

    2. $\dfrac{x_2^2}{a^2} + \dfrac{y_2^2}{b^2} = 1.$

Subtrahiert man Gleichung 2 von Gleichung 1, dann erhält man

    3. $\dfrac{x_1^2 - x_2^2}{a^2} +$

$$+ \frac{y_1^2 - y_2^2}{b^2} = 0$$

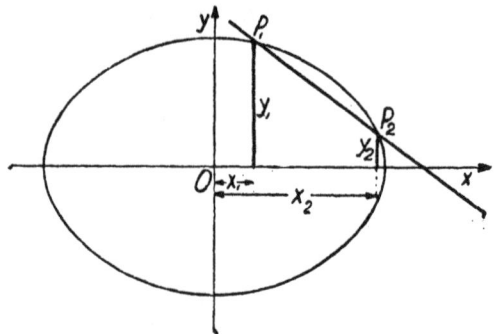

Abb. 64.

oder $b^2 (x_1 + x_2) (x_1 - x_2) + a^2 (y_1 + y_2) (y_1 - y_2) = 0.$

Aus dieser Gleichung kann man nun für den Richtungsfaktor $\left(\dfrac{y_1 - y_2}{x_1 - x_2} \right)$
der Verbindungsgeraden $P_1 P_2$ in einfacher Weise einen Ausdruck ableiten,
der aber nicht für zwei beliebige Punkte der Sekante, sondern nur für
die Schnittpunkte mit der Ellipse gilt. Wir erhalten

$$a^2 (y_1 + y_2) (y_1 - y_2) = - b^2 (x_1 + x_2) (x_1 - x_2)$$

und hieraus

$$\frac{y_1 - y_2}{x_1 - x_2} = - \frac{b^2}{a^2} \cdot \frac{x_1 + x_2}{y_1 + y_2}.$$

Nun geht die Gleichung der Sekante über in

$$\frac{y - y_1}{x - x_1} = - \frac{b^2}{a^2} \cdot \frac{x_1 + x_2}{y_1 + y_2}.$$

Dreht man die Sekante um den Punkt P_1, dann rückt P_2 auf der Kurve
immer näher an P_1 heran. Die Sekante dreht sich so aus der Kurve heraus,
daß die früheren zwei Schnittpunkte in einen Berührungspunkt zusammenfallen — die Sekante ist zur Tangente geworden. Bei diesem Grenzübergang
ist y_2 zu y_1 und x_2 zu x_1 geworden.
Die vorstehende Gleichung der Sekante geht also in die Gleichung der
Tangente über und man erhält

$$\frac{y - y_1}{x - x_1} = - \frac{b^2}{a^2} \cdot \frac{2 x_1}{2 y_1} \text{ oder}$$

$$y - y_1 = - \frac{b^2}{a^2} \cdot \frac{x_1}{y_1} \cdot (x - x_1)$$

$$a^2 y y_1 - a^2 y_1{}^2 = - b^2 x x_1 + b^2 x_1{}^2$$

$$a^2 y y_1 + b^2 x x_1 = a^2 y_1{}^2 + b^2 x_1{}^2 = a^2 b^2.$$

Nach Division durch $a^2 b^2$ erhält man in

$$\frac{x \cdot x_1}{a^2} + \frac{y \cdot y_1}{b^2} = 1$$

die Gleichung der Tangente an die Ellipse.

Zusatz: 1. Diese Art der Ableitung ist bei allen Kegelschnitten anwendbar. Man leite zur Übung die Gleichungen der Kreis- und Parabeltangente
in gleicher Weise ab!

2. Hat der Mittelpunkt der Ellipse die Koordinaten p und q und laufen die
Hauptachsen $2\,a$ und $2\,b$ parallel zur x- bzw. y-Achse, dann lautet die Gleichung der Tangente im Punkte $P_1 (x_1 y_1)$ der Ellipse

$$\frac{(x - p)(x_1 - p)}{a^2} + \frac{(y - q)(y_1 - q)}{b^2} = 1.$$

Leite die Gleichung unter Anwendung der Transformationsformeln ab!

Aufgabe: Im Punkte $P_1 (1, -1)$ ist eine Tangente zu legen an die Ellipse

$$\frac{(x + 2)^2}{9} + \frac{(y + 1)^2}{4} = 1$$

Ergebnis: $x = 1$ (Parallele zur y-Achse).

2. Ableitung. Es sei $y - y_1 = m(x - x_1)$ die Gleichung der Ellipsentangente in dem Punkte $P_1(x_1, y_1)$. Den noch unbekannten Richtungsfaktor m erhält man, ebenso wie bei der Parabel, durch Differentiation der Funktion

$$b^2 x^2 + a^2 y^2 = a^2 b^2 \text{ oder } y = (b/a)\sqrt{a^2 - x^2}.$$

Es ist $y' = \dfrac{b}{a} \cdot \dfrac{-2x}{2\sqrt{a^2 - x^2}} = -\dfrac{b \cdot x}{a \cdot \sqrt{a^2 - x^2}}.$

Setzt man für den im Nenner stehenden Wurzelausdruck $\sqrt{a^2 - x^2}$ den aus der Funktion $y = (b/a)\sqrt{a^2 - x^2}$ sich ergebenden Wert ay/b ein, dann erhält man

$$m = y_1' = -\frac{b^2 \cdot x_1}{a^2 \cdot y_1},$$

wenn man gleichzeitig die laufenden Koordinaten x und y durch die bestimmten des Punktes $P_1(x_1, y_1)$ ersetzt.

Somit lautet die Gleichung der Tangente

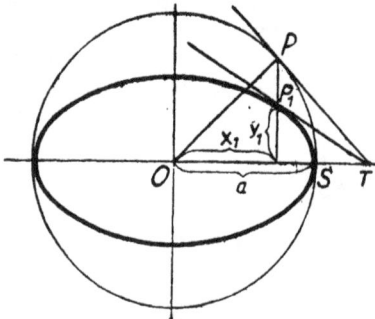

Abb. 65.

$$y - y_1 = -\frac{b^2 x_1}{a^2 y_1}(x - x_1);$$

das ist der gleiche Ausdruck, der in der 1. Ableitung bereits vereinfacht wurde zu

$$\frac{x \cdot x_1}{a^2} + \frac{y \cdot y_1}{b^2} = 1.$$

Für den Schnittpunkt T der Tangente mit der x-Achse wird y der Tangentengleichung zu 0. Somit ist $x \cdot x_1/a^2 = 1$, also $$OT = x = a^2/x_1.$$

Beschreibt man mit $OS = a$ als Radius den Hauptkreis, verlängert die Ordinate y_1 bis zum Schnitt mit dem Kreise und legt sodann in dem Schnittpunkte P die Tangente an den Kreis, dann schneidet diese die x-Achse ebenfalls in T, denn für die Schnittpunkte der Kreistangente $x x_1 + y y_1 = a^2$ erhält man ebenfalls

$$x = a^2/x_1.$$

Daraus ergibt sich eine einfache Konstruktion der Tangente in einem gegebenen Punkte der Ellipse.

8. Gleichung der Normalen

Sie läßt sich leicht aus der Tangentengleichung ableiten.

Ist $m_t = -\dfrac{b^2 x_1}{a^2 y_1}$, der Richtungsfaktor der Tangente,

dann ist

$m_n = \dfrac{a^2 y_1}{b^2 x_1}$, der Richtungsfaktor der Normalen.

Ihre Gleichung lautet daher:

$$y - y_1 = \frac{a^2 y_1}{b^2 x_1} (x - x_1).$$

Die Normale halbiert den von den Brennstrahlen gebildeten Winkel, die Tangente den Nebenwinkel.
Der Beweis sei mit Hilfe der Normalform von Hesse gegeben. Bringt man die Gleichung der Tangente, deren Abstände von F_1 und F_2 mit d_1 bzw. d_2 bezeichnet seien, auf die Normalform von Hesse, so erhält man allgemein

$$\frac{b^2 x_1 \cdot x + a^2 y \cdot y_1 - a^2 b^2}{\sqrt{b^4 x_1^2 + a^4 y_1^2}} = 0.$$

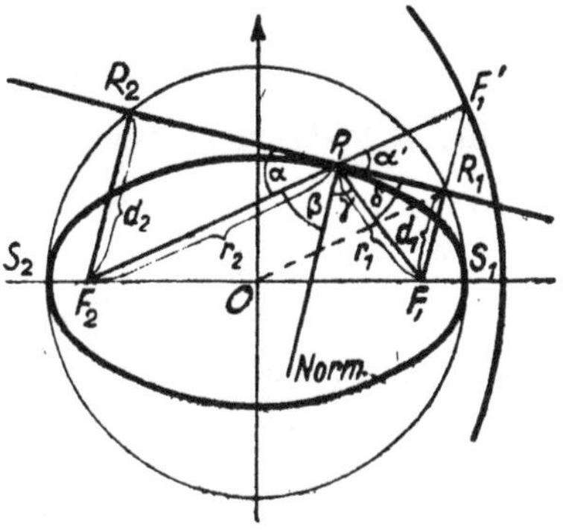

Setzt man für den im Nenner stehenden Wurzelausdruck die die Rechnung übersichtlicher gestaltende Abkürzung N, so erhält man für die Abstände d_1 und d_2 (s. Normalform von Hesse S. 22):

Abb. 66.

$$d_1 = -\frac{b^2 x_1 \cdot e - a^2 b^2}{N} = \frac{b^2 (a^2 - e x_1)}{N}$$

$$d_2 = -\frac{b^2 x_1 \cdot (-e) - a^2 b^2}{N} = \frac{b^2 (a^2 + e x_1)}{N}.$$

Setzt man für den Klammerausdruck im Zähler $a \cdot r_1$ bzw. $a \cdot r_2$ (s. Brennstrahlen), dann erhält man

$$d_1 = b^2 \cdot a \cdot r_1 / N \quad \text{und somit} \quad \sin \delta = b^2 \cdot a / N$$
$$d_2 = b^2 \cdot a \cdot r_2 / N \quad \text{und somit} \quad \sin \alpha = b^2 \cdot a / N.$$

Demnach ist $\sphericalangle \delta = \sphericalangle \alpha$ und

$$\sphericalangle \beta = \sphericalangle \gamma \text{ als Komplementwinkel zu } \sphericalangle \delta \text{ und } \sphericalangle \alpha.$$

Verlängert man r_2 über P_1 hinaus um r_1 bis F_1', dann ist F_1' ein Punkt des um F_2 mit dem Radius $r_1 + r_2 = 2a$ beschriebenen Leitkreises. Der so entstehende Nebenwinkel $F_1 P_1 F_1'$ wird von der Tangente halbiert, denn es ist

$$\alpha_1 = \alpha = \delta.$$

Verbindet man R_1 mit O, dann ist die Verbindungslinie $O R_1 \| F_2 F_1'$ und $(1/2)(r_1 + r_2) = a$ (Strahlensatz). Es liegt somit

1. der Fußpunkt eines vom Brennpunkt auf die Tangente gefällten Lotes auf dem Hauptkreis,
2. der Gegenpunkt (F_1') des Brennpunktes (F_1) auf dem Leitkreis.

Tangentenkonstruktion nach 1: Bewegt man einen rechten Winkel so, daß der eine Schenkel stets durch den Brennpunkt geht, während der Scheitel auf dem Hauptkreise wandert, so wird der andere Schenkel die Lage der Tangente einnehmen (Hüllkonstruktion, s. Parabel).

9. Aufgaben

1. Von dem Punkte $P(4, -1)$ sind die Tangenten zu legen an die Ellipse
$$x^2/10 + y^2/2,5 = 1.$$

Zur Bestimmung von m und n (s. Aufgabe 1 der Parabel) hat man die Gleichungen

1. $\qquad\qquad 10\,m^2 + 2,5 = n^2$ (Tangentenbedingung)

2. $\qquad\qquad\qquad -1 = 4\,m + n.$

Aus der sich daraus ergebenden quadratischen Gleichung
$$m^2 + (4/3)\,m - 1/4 = 0$$
folgt: $m_1 = 1/6$, $m_2 = -3/2$, $n_1 = -5/3$, $n_2 = +5$.

Ergebnis: $\quad t_1 \equiv y = (1/6)\,x - 5/3; \; t_2 \equiv y = -(3/2)\,x + 5.$

2. Wie lautet die Gleichung einer Tangente an die Ellipse
$x^2/25 + y^2/6 = 1,$ wenn sie der Geraden $y = (1/2)\,x - 3$ parallel läuft? Es sei $y = mx + n$ die Gleichung der gesuchten Tangente. Der Richtungsfaktor ist schon bekannt, er ist $m = 1/2$. Zieht man zur Bestimmung von n die Tangentenbedingung $a^2\,m^2 + b^2 = n^2$ heran, dann ist
$$n = \pm\sqrt{25/4 + 6} = \pm 7/2.$$

Ergebnis: $\qquad\qquad y = (1/2)\,x \pm 7/2.$

3. Wie lautet die Gleichung der Tangente an die Ellipse $x^2/96 + y^2/25 = 1$, wenn sie mit der Geraden $y = 3x + 2$ einen Winkel von $\varphi = 45^\circ$ bildet? Ist $m_1 = 3$ der Richtungsfaktor der gegebenen, m_2 der Richtungsfaktor der gesuchten Geraden, dann erhält man bei Anwendung von

$$\frac{m_1 - m_2}{1 + m_1 \cdot m_2} = \operatorname{tg}\varphi \text{ die Beziehung } \frac{3 - m_2}{1 + 3\,m_2} = 1$$

und hieraus: $\qquad\qquad m_2 = 1/2.$

Aus $n^2 = a^2\,m_2^2 + b^2$ erhält man leicht $n = \sqrt{24 + 25} = \pm 7$ und damit das Ergebnis: $\qquad\qquad y = (1/2)\,x \pm 7.$

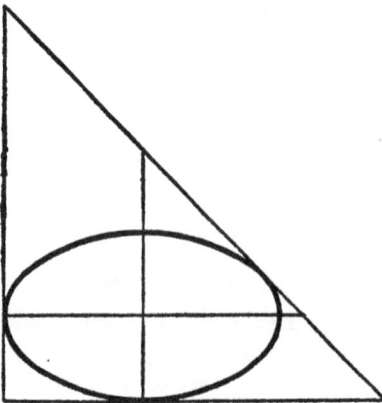

Abb. 67.

4. Der Ellipse $x^2/a^2 + y^2/b^2 = 1$ ist ein rechtwinklig-gleichschenkliges Dreieck so umzubeschreiben, daß die Katheten den Achsen parallel laufen. Wie lautet die Gleichung der Hypotenuse?

Es ist (s. Abb. 67):

1. $\quad m = -1$

2. $\quad n = \sqrt{a^2 \cdot (-1)^2 + b^2}$

also $\qquad y = -x + \sqrt{a^2 + b^2}.$

5. Wie lautet die Gleichung einer Ellipse, die von den Geraden $y = x + 5$ und $y = -3x + 13$ berührt wird?

Die gesuchten Größen a^2 und b^2 folgen aus den Gleichungen (Tangenten-bedingung und: $m_1 = 1$, $n_1 = 5$ bzw. $m_2 = -3$, $n_2 = 13$ gegeben):

$$1. \qquad\qquad a^2 + b^2 = 25$$
$$2. \qquad\qquad 9\,a^2 + b^2 = 169$$

daraus durch Subtraktion: $8\,a^2 = 144$

$$a^2 = 18; \quad b^2 = 7.$$

Ergebnis: $\qquad\qquad x^2/18 + y^2/7 = 1.$

Anmerkung: Ist statt der zweiten Geraden der Berührungspunkt $x_1 = -18/5$, $y_1 = 7/5$ (folgt aus $y = x + 5$) der 1. Geraden gegeben, dann hat man zur Bestimmung von a^2 und b^2 die beiden Gleichungen:

$$1. \qquad\qquad a^2 + b^2 = 25$$
$$2. \qquad\qquad b^2 \cdot (-18/5)^2 + a^2 \cdot (7/5)^2 = a^2 b^2.$$

6. Für welchen Punkt der Ellipse $x^2/25 + y^2/9 = 1$ stehen die Brenn-strahlen senkrecht aufeinander?

Der gesuchte Punkt P ist bestimmt durch den Schnitt der gegebenen Ellipse mit dem Thales-Kreis, dessen Radius $e = 4$ ist.

Aus 1. $\qquad\qquad 9\,x^2 + 25\,y^2 = 225$

und 2. $\qquad\qquad x^2 + y^2 = 16$

folgt: $\qquad\qquad 9\,(16 - y^2) + 25\,y^2 = 225$

$$y = \pm\, 9/4$$
$$x = \pm\, (3/4)\sqrt{7}.$$

7. Einer Ellipse, deren Halbachsen $a = 8$ und $b = 6$ sind, ist ein Quadrat umbeschrieben, dessen Ecken auf den Achsen liegen.

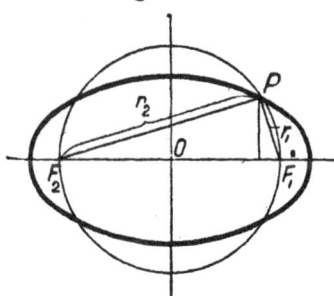

Abb. 68.

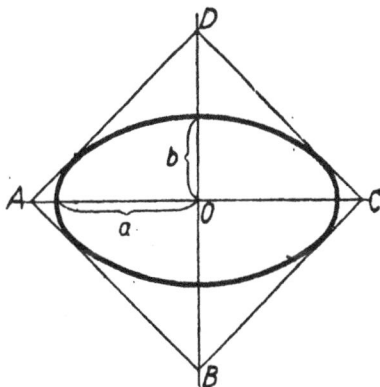

Abb. 69.

Bestimme die Eckpunkte und die Länge der Seite!

Die Seiten des Quadrats sind Tangenten der Ellipse. Aus der Gleichung einer Tangente sind leicht die Eckpunkte zu bestimmen. Der Richtungs-faktor m der Tangente $A\,D$ ist $= 1$, da $A\,O = O\,D$ ist (Diagonalen im Quadrat halbieren einander). Zur Bestimmung von m und n der Tangente hat man somit die beiden nachstehenden Gleichungen:

1. $$m = 1$$
2. $$b^2 + a^2 m^2 = n^2$$

daraus:
$$36 + 64 = n^2; \quad n = \pm 10.$$

Die Gleichung der Tangente $A D$ wird $y = x + 10$; für $x = 0$ ist $y = 10$ und für $y = 0$ ist $x = -10$, also

Länge des Tangentenabschnittes $A D = \sqrt{10^2 + 10^2} = 10 \sqrt{2}$.

8. Eine Ellipse habe die Exzentrizität $e = 3$. Wie lautet ihre Gleichung, wenn sie die Gerade $y = -(3/5)\, x + 5$ berührt?

Die Bedingung dafür, daß eine Gerade Tangente wird, ist

1. $$b^2 + a^2 m^2 = n^2.$$

Da $m = -3/5$ und $n = 5$ ist, so geht obige Gleichung über in
$$b^2 + (9/25)\, a^2 = 25$$
$$b^2 = 25 - (9/25)\, a^2.$$

2. Aus $e^2 = a^2 - b^2$ folgt: $a^2 = e^2 + b^2 = 9 + 25 - (9/25)\, a^2$, also:
$$(34/25)\, a^2 = 34$$
$$a = 5.$$

3. Ist
$$b^2 = a^2 - e^2, \text{ dann ist}$$
$$b = 4.$$

Ergebnis: $x^2/25 + y^2/16 = 1.$

9. Wie lautet die Gleichung einer Ellipse, die der Ellipse $x^2/40 + y^2/30 = 1$ ähnlich ist, und die Halbachse $a = 8$ besitzt?

Ellipsen sind ähnlich, wenn ihre numerischen Exzentrizitäten gleich sind. Es ist also

$$\varepsilon_1 = \varepsilon_2 = \frac{e_1}{a_1} = \frac{e_2}{a_2} = \frac{\sqrt{a_1{}^2 - b_1{}^2}}{a_1} = \frac{\sqrt{a_2{}^2 - b_2{}^2}}{a_2} \text{ also:}$$

$$\sqrt{40 - 30}/\sqrt{40} = \sqrt{64 - b_2{}^2}/8; \quad 1/\sqrt{4} = \sqrt{64 - b_2{}^2}/8$$
$$(1/2) \cdot 8 = \sqrt{64 - b_2{}^2}; \quad 16 = 64 - b_2{}^2;$$
$$b_2{}^2 = 48.$$

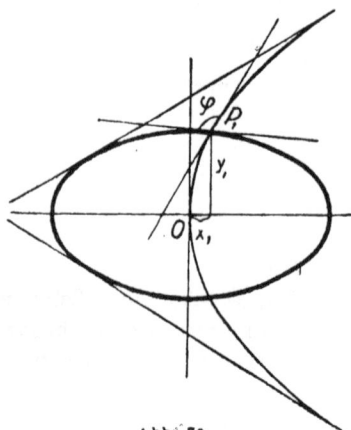

Abb. 70.

Demnach lautet die Gleichung der ähnlichen Ellipse $x^2/64 + y^2/48 = 1$.

10. Die Ellipse $x^2/9 + y^2/8 = 1$ wird von der Parabel $y^2 = 4x$ geschnitten. Berechne Schnittpunkte und Schnittwinkel der beiden Kurven! Wie lauten die Gleichungen der gemeinschaftlichen Tangenten?

a) Schnittpunkte.

Aus $8x^2 + 9y^2 = 72$ und
$$y^2 = 4x \text{ folgt:}$$
$$8x^2 + 36x - 72 = 0$$
$$x^2 + (9/2)\, x - 9 = 0$$

$$x_1 = 3/2; \quad y_1 = \sqrt{6}$$
$$x_2 = 3/2; \quad y_2 = -\sqrt{6}$$
$$x_3 = -6; \quad y_3 = i\,2\sqrt{6} \quad \left.\right\} \text{ keine reellen}$$
$$x_4 = -6; \quad y_4 = -i\,2\sqrt{6} \quad \left.\right\} \text{ Lösungen}$$

b) Schnittwinkel φ.

Richtungsfaktor der Ellipsentangente $\equiv m_E$

„ der Parabeltangente $\equiv m_P$.

Es ist: $\operatorname{tg}\varphi = \dfrac{m_E - m_P}{1 + m_E \cdot m_P}$

$$m_{E1} = -\frac{b^2 x_1}{a^2 y_1} = -\frac{8 \cdot 3/2}{9\sqrt{6}} = -(2/9)\sqrt{6}\,; \quad m_{E2} = (2/9)\sqrt{6}$$

$$m_{P1} = p/y_1 = (4/2)/\sqrt{6} = (1/3)\sqrt{6}\,; \quad m_{P2} = -(1/3)\sqrt{6}\,.$$

Somit $\operatorname{tg}\varphi_1 = \dfrac{-(2/9)\sqrt{6} - (1/3)\sqrt{6}}{1 - (2/9)\sqrt{6} \cdot (1/3) \cdot \sqrt{6}} = -\sqrt{6}$

$$\varphi_1 = 112^0\,12'; \quad \varphi_2 = -112^0\,12'.$$

c) Gemeinschaftliche Tangenten (s. Aufgabe 9, S. 64).

Zur Bestimmung von m und n erhält man unter Anwendung der Tangentenbedingung für die Ellipse $(a^2 m^2 + b^2 = n^2)$ und die Parabel $\left(\dfrac{p}{2} = m\,n\right)$

1. $\qquad\qquad 9\,m^2 + 8 = n^2$
2. $\qquad\qquad 1 = mn \qquad$ und hieraus

$$m^4 + (8/9)\,m^2 - 1/9 = 0; \quad m^2 = 1/9, \text{ also}$$
$$m_1 = 1/3; \quad m_2 = -1/3; \quad n_1 = 3; \quad n_2 = -3;$$

die andere Lösung -1 liefert keine reellen Werte.

Ergebnis: $\qquad\qquad t_1 \equiv y = (1/3)\,x + 3;$
$$\qquad\qquad t_2 \equiv y = -(1/3)\,x - 3.$$

11. Eine Ellipse hat die numerische Exzentrizität $\varepsilon = 12/13$, die lineare $e = 6$.
Berechne ihre Halbachsen!

1. $e^2 = a^2 - b^2$; $\quad 36 = a^2 - b^2$.
2. $\varepsilon = e/a$; $\quad 12/13 = 6/a$; $\quad a = 13/2$.

Setzt man den Wert $a = 13/2$ in (1) ein, so erhält man

3. $\qquad\qquad 36 = (169/4) - b^2$; $\quad b^2 = (169 - 144)/4$
$$b = 5/2.$$

Gleichung der Ellipse $x^2/(169/4) + y^2/(25/4) = 1$.

12. Wie lautet die Gleichung des Kreises, welcher der rechten Hälfte der
Ellipse $x^2/a^2 + y^2/b^2 = 1$ einbeschrieben werden kann?

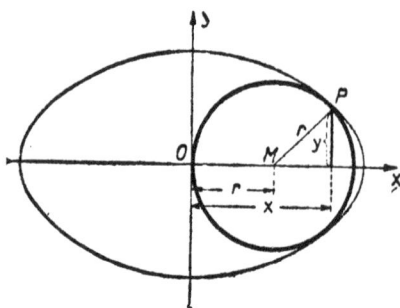

Abb 71.

Bestimme die Koordinaten der Berührungspunkte!

Aus 1. $x^2/a^2 + y^2/b^2 = 1$
und 2. $(x-r)^2 + y^2 = r^2$ folgt,

da $\qquad\qquad y^2 = r^2 - (x-r)^2$

oder $\qquad\qquad y^2 = 2rx - x^2$ ist,

3. $\qquad b^2 x^2 + a^2 (2rx - x^2) = a^2 b^2$

$$x^2 (b^2 - a^2) + 2a^2 rx - a^2 b^2 = 0$$

$$x^2 + \frac{2a^2 rx}{b^2 - a^2} - \frac{a^2 b^2}{b^2 - a^2} = 0$$

also $\qquad x_s = -\dfrac{a^2 r}{b^2 - a^2} \pm \sqrt{\dfrac{a^4 r^2 + a^2 b^2 (b^2 - a^2)}{(b^2 - a^2)^2}}$.

Eine Berührung liegt vor, wenn die Diskriminante

$$D = a^4 r^2 + a^2 b^4 - a^4 b^2 = 0.$$

Nach Division der Gleichung durch a^2 ergibt sich für den Radius des gesuchten Kreises:

$$r^2 = \frac{b^2 (a^2 - b^2)}{a^2} \quad \text{also} \quad r = \frac{b}{a} \sqrt{a^2 - b^2} .$$

Da für diesen Wert der Wurzelausdruck $= 0$ wird, so ist

$$x_t = -\frac{a^2 r}{b^2 - a^2} = \frac{a^2 r}{a^2 - b^2}$$

$$x_t = \frac{ab \cdot \sqrt{a^2 - b^2}}{a^2 - b^2} .$$

Eine leichte Rechnung liefert für die Ordinaten des Berührungspunktes die Werte

$$y_t = \pm b \sqrt{\frac{a^2 - 2b^2}{a^2 - b^2}} .$$

Somit lautet die Kreisgleichung

$$(x - (b/a)\sqrt{a^2 - b^2})^2 + y^2 = b^2 (a^2 - b^2)/a^2.$$

Zahlenbeispiel:
Gegeben ist die Ellipse $x^2/25 + y^2/9 = 1$.

Führe die Aufgabe in derselben Weise durch!

Ergebnis: $\qquad r = 12/5; \quad x_t = 15/4; \quad y_t = \pm (3/4)\sqrt{7}$
$$(x - 12/5)^2 + y^2 = 144/25.$$

13. Ein gerader Kegel, dessen Winkel an der Spitze $2\alpha = 60^\circ$ beträgt, wird von einer zum Achsenschnitt senkrecht stehenden Ebene im Winkel $\beta = 60^\circ$

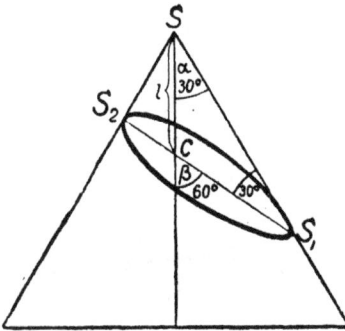

geschnitten. Der Schnittpunkt C der Ebene mit der Achse hat von der Kegelspitze S die Entfernung $l = 8$. Wie lautet die Gleichung der Schnittfigur?

1. Das Dreieck SCS_1 ist gleichschenklig, daher ist $S_1 C = SC = 8$.

2. In dem Dreieck SS_2C folgt aus

$$\sin \alpha = S_2 C / l :$$
$$S_2 C = l \cdot \sin \alpha = 8 \cdot 1/2 = 4.$$

Abb. 72.

Somit ist $S_1 S_2 = 2a = 12$; $a = 6$.

3. Aus $\qquad \dfrac{e}{a} = \dfrac{\cos \beta}{\cos \alpha}$ oder $\dfrac{\sqrt{a^2 - b^2}}{a} = \dfrac{\cos \beta}{\cos \alpha}$

folgt

$$\frac{a^2 - b^2}{a^2} = \frac{\cos^2 \beta}{\cos^2 \alpha} = \frac{(1/2)^2}{((1/2)\sqrt{3})^2} = 1/3, \text{ also } 3a^2 - 3b^2 = a^2$$

$$b^2 = (2/3)\, a^2 = 24.$$

Ergebnis:
$$x^2/36 + y^2/24 = 1.$$

13 a. Löse in derselben Weise die Aufgabe mit folgenden Bedingungen: $2\alpha = 30^0$, $\beta = 45^0$, $l = 8$!

Anleitung: Bestimme $S_1 C$ und $S_2 C$ mit Hilfe des Sinus-Satzes!

Ergebnis: $\dfrac{x^2}{(3,26)^2} + \dfrac{y^2}{(2,23)^2} = 1.$

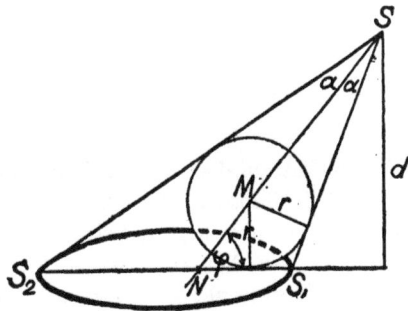

14. Eine auf einer Ebene ruhende Kugel ($r = 4$) wird von einem Punkte S der $d = 12$ über der Ebene liegt, beleuchtet. Wie lautet die Gleichung

Abb. 73.

des auf die Ebene fallenden Kugelschattens, wenn die Verbindungslinie MS die Ebene unter dem Winkel $\varphi = 30^0$ schneidet?

Aus den gegebenen Größen r, d und φ läßt sich leicht SN und α berechnen.

Aus Abb. 73 folgt:

1. $\qquad \sin \varphi = r/MN$; $\quad MN = r/\sin \varphi = 4/(1/2) = 8$
2. $\qquad \sin \varphi = d/SN$; $\quad SN = d/\sin \varphi = 12/(1/2) = 24$.
$$SN - MN = SM = 24 - 8 = 16.$$
3. $\qquad \sin \alpha = r/SM = 4/16 = 1/4$; $\quad \alpha = 14^0\ 30'.$

Weitere Rechnung ist leicht (s. Aufgabe 13).

10. Konjugierte Durchmesser (mit Aufgaben)

Die Mitten aller parallelen Sehnen einer Ellipse liegen auf einem Durchmesser der Ellipse.

Ist $y = mx + n$ eine Sehne der Ellipse, sind x_1 und x_2 die Abszissen der Endpunkte und ξ und η die Koordinaten des Mittelpunktes der Sehne $P_1 P_2$, so ist nach Aufgabe

$$x_1 + x_2 = -\frac{2\,a^2\,m\,n}{b^2 + a^2\,m^2},$$

also

1. $\quad \xi = \dfrac{x_1 + x_2}{2} = -\dfrac{a^2\,m\,n}{b^2 + a^2\,m^2}.$

Da M auf der Sehne $y = mx + n$ liegt, so genügen die Koordinaten von $M\,(\xi, \eta)$ der Gleichung $y = mx + n$ und man erhält somit

$$\eta = m\,\xi + n.$$

Setzt man für ξ den Wert aus 1. ein, so folgt

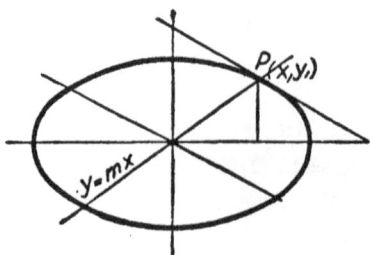

Abb. 74.

$$\eta = \frac{-a^2\,m^2\,n + b^2\,n + a^2\,m^2\,n}{b^2 + a^2\,m^2} \quad \text{oder}$$

2. $\qquad\qquad \eta = \dfrac{b^2\,n}{b^2 + a^2\,m^2}.$

Dividiert man die Gleichung 2. durch 1., dann erhält man

$$\eta/\xi = -b^2/(a^2\,m) \quad \text{oder} \quad \eta = -[b^2/(a^2\,m)]\,\xi,$$

d. h. die Mitten aller Sehnen liegen auf einer Geraden, die durch den Mittelpunkt der Ellipse geht. Der Durchmesser, auf dem die Mitten der Schar paralleler Sehnen liegen, heißt dieser Sehnenschar konjugiert.

In dem obigen Ausdruck ist $-b^2/(a^2\,m)$ der Richtungsfaktor des Durchmessers. Bezeichnet man ihn abgekürzt mit m_1, so ist

$$m_1 = -b^2/(a^2\,m) \quad \text{oder} \quad m \cdot m_1 = -b^2/a^2.$$

Diese Beziehung ist symmetrisch in bezug auf m und m_1, d. h. der den Sehnen parallele Durchmesser ist wieder den Sehnen konjugiert, die parallel dem ersten Durchmesser verlaufen. Die beiden Durchmesser

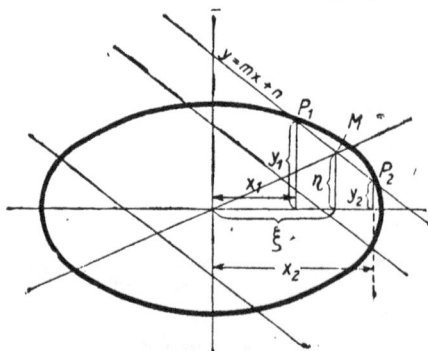

Abb. 75.

$$y = mx$$
$$y = m_1 x$$

sind einander konjugiert, wenn

$$m \cdot m_1 = -\frac{b^2}{a^2}.$$

Die Tangenten in den Endpunkten eines Durchmessers sind dem konjugierten Durchmesser parallel. Die Tangente in dem Punkte P_1

hat die Gleichung $b^2 x x_1 + a^2 y \cdot y_1 = a^2 b^2$. Da der Durchmesser $y = m x$ durch den Punkt $P_1 (x_1, y_1)$ geht, so erhält man für den Schnittpunkt des Durchmessers mit der Ellipse nachstehende Werte (s. S. 71; 6):

$$x_1 = \frac{a b}{\sqrt{b^2 + a^2 m^2}}; \quad y_1 = \frac{a b m}{\sqrt{b^2 + a^2 m^2}}.$$

Nach Einsetzen in die Tangentengleichung erhält diese folgende Form:

$$a b^3 \cdot x + a^3 b m y = a^2 b^2 \sqrt{b^2 + a^2 m^2}$$

oder

$$y = - \frac{b^2}{a^2 m} x + \frac{b}{a m} \sqrt{b^2 + a^2 m^2}$$

Der Richtungsfaktor $m_1 = - b^2/(a^2 m)$ hängt also mit dem des Durchmessers (m) ebenfalls durch die Beziehung $m \cdot m_1 = - b^2/a^2$ zusammen; die Tangente ist also dem konjugierten Durchmesser parallel.

Aufgabe: Bestimme den Winkel zweier konjugierten Durchmesser!

Bilden die konjugierten Durchmesser $y = m x$ und $y = m_1 x$ miteinander den Winkel φ, so

ist
$$\operatorname{tg} \varphi = \frac{m - m_1}{1 + m m_1}.$$

Da nun aber $m_1 = - \dfrac{b^2}{a^2 m}$

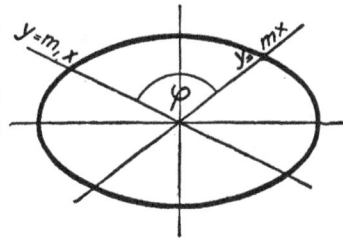

Abb. 76.

ist, so erhält man nach Einsetzen $\operatorname{tg} \varphi = \dfrac{b^2 + a^2 m^2}{(a^2 - b^2) m}.$

Ist $m = 0$, fällt also der erste Durchmesser mit der x-Achse zusammen, so ist $\operatorname{tg} \varphi \to \infty$, also $\varphi = 90^0$, d. h. der konjugierte Durchmesser fällt mit der y-Achse zusammen.

Wird $m \to \infty$, dann wird nach Umformung des Zählers und Nenners

$$\operatorname{tg} \varphi = \frac{b^2/m + a^2 m}{a^2 - b^2} \to \infty.$$

Auch in diesem Falle fallen die Durchmesser mit den Achsen zusammen.

Sind a_1 und b_1 die Hälften zweier konjugierten Durchmesser, und ist φ der von denselben gebildete Winkel, so gelten die Beziehungen

1. $\qquad\qquad a_1^2 + b_1^2 = a^2 + b^2$
2. $\qquad\qquad a_1 \cdot b_1 \sin \varphi = a b.$

Ableitung:

a) Sind $y = m x$ und $y = m_1 x$ die Gleichungen der konjugierten Durchmesser, so ist

1. $\qquad a_1^2 = x_1^2 + y_1^2.$

Da nun aber die Koordinaten des Schnittpunktes P_1

$$x_1 = \frac{a b}{\sqrt{b^2 + a^2 m^2}}, \qquad y_1 = \frac{a b m}{\sqrt{b^2 + a^2 m^2}}$$

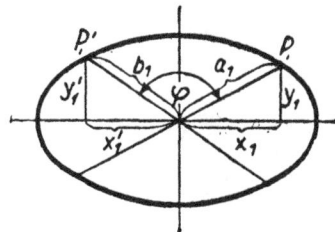

Abb. 77.

6*

sind, so erhält man aus 1.

2.
$$a_1{}^2 = \frac{a^2 b^2 (1 + m^2)}{b^2 + a^2 m^2}$$

und in ähnlicher Weise

$$b_1{}^2 = \frac{a^2 b^2 (1 + m_1{}^2)}{b^2 + a^2 m_1{}^2}, \quad \text{oder, da} \quad m_1 = -\frac{b^2}{a^2 m} \quad \text{ist,}$$

3.
$$b_1{}^2 = \frac{b^4 + a^4 m^2}{b^2 + a^2 m^2}.$$

Addiert man die Gleichungen 2. und 3., so erhält man

$$a_1{}^2 + b_1{}^2 = \frac{a^2 b^2 + a^2 b^2 m^2 + b^4 + a^4 m^2}{b^2 + a^2 m^2}$$

$$= \frac{a^2 (b^2 + a^2 m^2) + b^2 (b^2 + a^2 m^2)}{b^2 + a^2 m^2}, \quad \text{also:}$$

$$a_1{}^2 + b_1{}^2 = a^2 + b^2.$$

b) Für den Winkel φ gilt die trigonometrische Beziehung

$$\sin^2 \varphi = \operatorname{tg}^2 \varphi / (1 + \operatorname{tg}^2 \varphi).$$

(Man erhält sie, wenn man $\sin^2 \varphi / \cos^2 \varphi = \operatorname{tg}^2 \varphi$ und die durch $\cos^2 \varphi$ dividierte Gleichung $\sin^2 \varphi + \cos^2 \varphi = 1$ kombiniert.)

Da $\operatorname{tg} \varphi = \dfrac{b^2 + a^2 m^2}{(a^2 - b^2) m}$ ist, so erhält man $\sin^2 \varphi = \dfrac{(b^2 + a^2 m^2)^2}{(b^4 + a^4 m^2)(1 + m^2)}$.

Multipliziert man 2. mit 3. und $\sin^2 \varphi$, so erhält man

$$a_1{}^2 \cdot b_1{}^2 \cdot \sin^2 \varphi = \frac{a^2 b^2 (1 + m^2)(b^4 + a^4 m^2)(b^2 + a^2 m^2)^2}{(b^2 + a^2 m^2)^2 \cdot (1 + m^2)(b^4 + a^4 m^2)}, \quad \text{also:}$$

$$a_1 b_1 \sin \varphi = a \cdot b.$$

Folgerungen:

1. Die Summe der Quadrate über 2 konjugierten Halbdurchmessern der Ellipse ist konstant, nämlich gleich der Summe der Quadrate der Halbachsen $(a^2 + b^2)$.

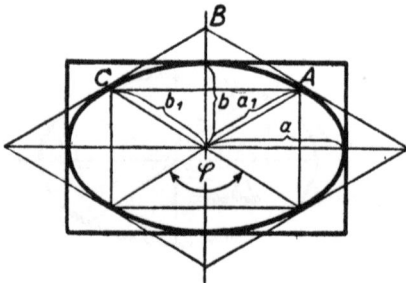

Abb. 78.

2. Da $a_1 b_1 \sin \varphi$ gleich dem Inhalt des Parallelogramms $O A B C = a b$ ist, so ist

$$4 a_1 b_1 \sin \varphi = 4 ab,$$

d. h. das Parallelogramm, das von den in den Endpunkten zweier konjugierter Durchmesser gezogenen Tangenten gebildet wird, hat einen konstanten Flächeninhalt (Inhalt des umbeschriebenen Rechteckes der Ellipsen).

Mit Hilfe der entwickelten Beziehungen lassen sich folgende Aufgaben lösen:

1. Die Gleichung eines Durchmessers der Ellipse $x^2/36 + y^2/25 = 1$ ist $y = (5/2)\,x$. Wie heißt die Gleichung des konjugierten Durchmessers? Welchen Winkel bilden die Durchmesser miteinander? (s. Abb. 79).

Aus $m \cdot m_1 = -\,b^2/a^2$ folgt, da $m = 5/2$ ist, $(5/2) \cdot m_1 = -\,25/36$, also:

$$m_1 = -\,5/18$$

Gleichung des konjugierten Durchmessers: $y = -\,(5/18)\,x.$

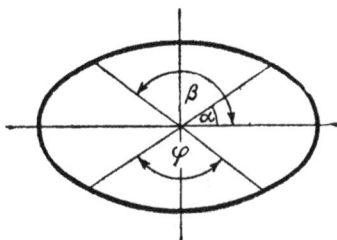

Abb. 79.

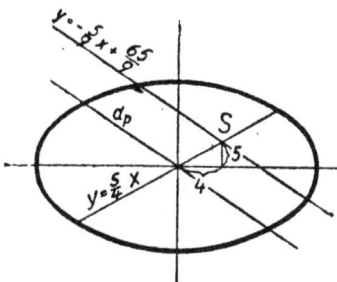

Abb. 80.

1. Aus $m = 5/2$ folgt $\alpha = 68^0\ 12'$.

2. Aus $m_1 = \operatorname{tg} \beta = -\,5/18$ folgt

$$\beta = 164^0\ 30'$$

also: $\varphi = \beta - \alpha = 96^0\ 18'$.

2. Wie heißt die Gleichung des Durchmessers, der die Sehne $y = -\,(5/9)\,x + 65/9$ halbiert? Ellipsengleichung $x^2/144 + y^2/100 = 1$ (s. Abb. 80).

Der Richtungsfaktor der Sehne und der des parallelen Durchmessers d_p sind gleich, also $m = -\,5/9$. Ist m_1 der Richtungsfaktor des konjugierten Durchmessers, so erhält man: $m \cdot m_1 = -\,b^2/a^2 = -\,(5/9)\,m_1 = -\,100/144$, also:

$$m_1 = 5/4.$$

Gleichung des konjugierten Durchmessers: $y = m_1\,x$, also $y = (5/4)\,x$. Für den Schnittpunkt S der Durchmesser erhält man aus $y = -\,(5/9)\,x + 65/9$ und $y = (5/4)\,x$ dann: $-\,(5/9)\,x + 65/9 = (5/4)\,x$, also:

$$x = 4,\quad y = 5.$$

3. Bei der Ellipse $x^2/169 + y^2/36 = 1$ ist ein Durchmesser doppelt so groß wie der ihm konjugierte. Bestimme die Längen, den Konjugationswinkel und die Gleichungen der Durchmesser!

1. Bezeichnet man den kürzeren Halbmesser mit x, den längeren demnach mit $2x$, so folgt aus $a_1{}^2 + b_1{}^2 = a^2 + b^2$:

$$x^2 + 4\,x^2 = 169 + 36 \qquad\qquad a_1 = x = \sqrt{41}$$
$$5\,x^2 = 205 \qquad\qquad\quad b_1 = 2\,x = 2\,\sqrt{41}.$$
$$x^2 = 41$$

2. Aus

$$\overline{a_1\,b_1\sin\varphi = a\,b}\ \text{ folgt}$$
$$\sqrt{41}\cdot 2\,\sqrt{41}\,\sin\varphi = 78$$
$$\sin\varphi = 78/82 = 39/41$$
$$\varphi = 72^{0}\,2'\ \text{oder}\ 107^{0}\,58'.$$

3. Bezeichnet man die Koordinaten des Schnittpunktes des kürzeren Durchmessers mit der Ellipse mit x_1 und y_1, so ist nach dem Pythagoreischen Lehrsatz:

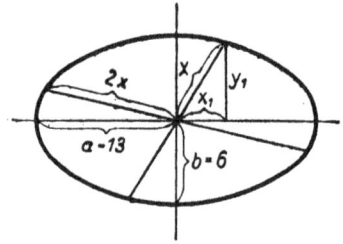

Abb. 81.

a) $$x^2 = x_1{}^2 + y_1{}^2 = 41;\quad x_1{}^2 = 41 - y_1{}^2.$$

Da aber die Koordinaten x_1, y_1 der Ellipse angehören, so ist

b) $$36\,x_1{}^2 + 169\,y_1{}^2 = 36\cdot 169$$

oder mit Benutzung von (a)

$$(41 - y_1{}^2)\,36 + 169\,y_1{}^2 = 36\cdot 169 = 41\cdot 36 - 36\,y_1{}^2 + 169\,y_1{}^2$$
$$133\,y_1{}^2 = 36\cdot 169 - 41\cdot 36 = 36\,(169 - 41)$$
$$y_1{}^2 = 36\cdot 128/133.$$

Aus (a) folgt

$$x_1{}^2 = 845/133$$
$$m = y_1/x_1 = \sqrt{36\cdot 128/845}$$
$$m = 2{,}3\ \text{und da}\ m\cdot m_1 = -\,b^2/a^2\ \text{ist,}$$
$$2{,}3\cdot m_1 = -\,36/169;\quad m_1 = -\,36/(169\cdot 2{,}3)$$
$$m_1 = -\,0{,}09.$$

Es sind also

1. $y = 2{,}3\ x$ $\Big\}$ die Gleichungen der beiden konjugierten Durch-
2. $y = -\,0{,}09\ x$ messer.

Die Hyperbel

1. Definition der Hyperbel und Bezeichnungen

Die Hyperbel ist der geometrische Ort aller Punkte, deren Differenz der Entfernung von zwei festen Punkten, den „Brennpunkten" F_1 und F_2 konstant $= 2a$ ist. Es ist

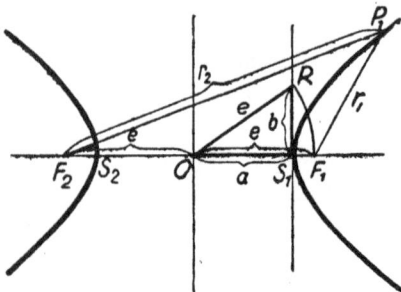

O der Mittelpunkt,
$F_1 F_2 = 2e$, also $OF_1 = e$ die lineare Exzentrizität,
$S_1 S_2 = 2a$ die Hauptachse,
$F_1 P_1 = r_1$ Brennstrahl,
$F_2 P_1 = r_2$ Brennstrahl,
$\triangle O S_1 R$ das charakteristische Dreieck der Hyperbel mit der Hypotenuse e und den Katheten a und b
$$(e = \sqrt{a^2 + b^2}).$$

Abb. 82.

2. Konstruktionen der Hyperbel

1. **Geometrische Konstruktion.** Gegeben sind in F_1 und F_2 die beiden Brennpunkte und in $S_1S_2 = 2a$ die konstante Differenz. Der Punkt P_1 ist dann bestimmt durch zwei geometrische Örter:

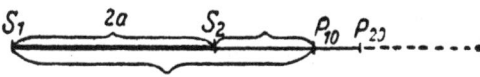

1. Kreis um F_1 bzw. F_2 mit S_1P_{10} als Radius,
2. Kreis um F_2 bzw. F_1 mit S_2P_{10} als Radius.

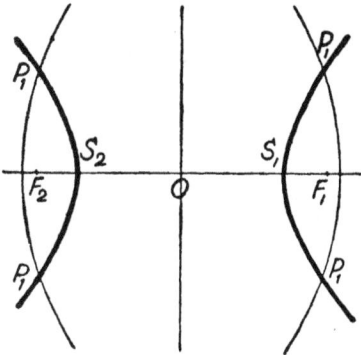

Die Schnittpunkte beider Kreise liefern vier Hyperbelpunkte P_1. Andere Punkte P der Hyperbel findet man durch die Wahl weiterer Punkte z. B. P_{20} auf der verlängerten Geraden S_1S_2. Jeder der so gewonnenen Punkte erfüllt die Bedingung

$$F_1P - F_2P = 2a.$$

Anmerkung: Die Kreise schneiden einander nicht mehr, wenn der Radius S_1P_{10} (s. geometrischer Ort 1) $< F_1S_2$ ist.

Abb. 83.

2. **Konstruktion mit Hilfe des Leitkreises (s. Ellipsenkonstr. 3).**
Zu einer der Ellipsenkonstruktion 3 entsprechenden Form der Lösung kommt man ebenfalls bei Anwendung des Leitkreises. Man beschreibt mit der konstanten Strecke $2a$ um F_2 den Leitkreis, verbindet einen beliebigen Punkt P dieses Leitkreises mit F_1 und F_2 und errichtet auf PF_1 das Mittellot. Der Schnittpunkt dieses Lotes mit der Verlängerung von F_2P bestimmt einen Hyperbelpunkt P_1, denn es ist

$$F_2P_1 - F_1P_1 = 2a.$$

Auch hier ist das Mittellot Tangente im Kurvenpunkte P_1.

In der angegebenen Weise wird man Hyperbelpunkte des rechten Astes nur gewinnen können, so lange der Punkt P auf dem Leitkreise zwischen der Hauptachse und P' angenommen wird. Erreicht der nach oben wandernde Punkt P den Punkt P' dann wird die Verbindungslinie F_1P' zur Tangente des Leitkreises. Dann aber laufen das Mittellot auf F_1P' und die Verlängerung von F_2P' parallel, so daß für diesen Grenzfall das

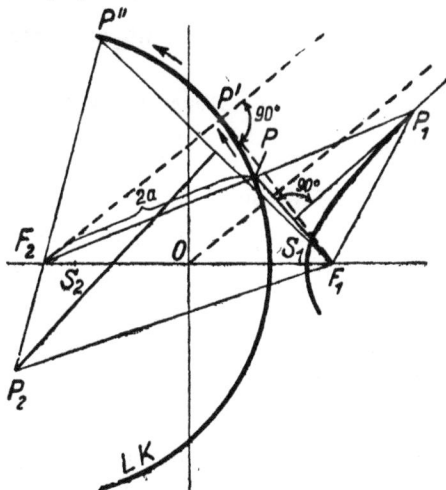

Abb. 84.

Mittellot zur Tangente im unendlich fernen Punkt der Hyperbel wird. Die Tangente ist zur Asymptote geworden. Wandert der Punkt P über die Grenzlage P' hinaus, etwa nach P'', dann erhält man, wie Abb. 84 zeigt, Hyperbelpunkte des linken Astes.

3. Gleichung der Hyperbel

Aus der Bedingung: $PF_2 - PF_1 = 2a$
folgt

$$\sqrt{y^2 + (e+x)^2} - \sqrt{y^2 + (e-x)^2} = 2a.$$

Die weitere Rechnung gestaltet sich fast genau so wie bei der Ellipse. Man erhält nach Quadrieren und Vereinfachung

$$x^2(e^2 - a^2) - y^2 \cdot a^2 = a^2(e^2 - a^2).$$

Setzt man $e^2 - a^2 = b^2$, dann erhält man in

$$\frac{x^2}{a^2} - \frac{y^2}{b^2} = 1 \text{ die Gleichung der Hyperbel.}$$

Daraus folgt
$$y = \pm \frac{b}{a} \sqrt{x^2 - a^2}.$$

Folgerungen:

1. Für $x = \pm a$ wird $y = 0$,
2. Für $x < a$ wird y imaginär,
3. Für $x > a$ wird y stets reell, d. h. beide Kurvenzweige erstrecken sich beiderseits ins Unendliche.
4. Für $a = b$ erhält man aus der Hyperbelgleichung

$$\frac{x^2}{a^2} - \frac{y^2}{b^2} = 1, \quad x^2 - y^2 = a^2.$$

Das ist die Gleichung der gleichseitigen Hyperbel.

5. Setzt man in $y = \frac{b}{a} \sqrt{x^2 - a^2}$ ein: $x = e$, also $x^2 = e^2$, dann erhält man in $y = b^2/a = p$ den Halbparameter der Hyperbel.

4. Allgemeine Gleichung der Hyperbel

Aus
$$\frac{(x-p)^2}{a^2} - \frac{(y-q)^2}{b^2} = 1$$

erhält man in derselben Weise wie bei der Ellipse

$$b^2 x^2 - a^2 y^2 - 2b^2 px + 2a^2 qy + b^2 p^2 - a^2 q^2 - a^2 b^2 = 0.$$

In diesem Falle ist die Gleichung von der Form

$$Ax^2 - By^2 + Cx + Dy + E = 0,$$

wenn A und B selbst positive Werte sind, denn die Glieder mit x^2 und y^2 haben entgegengesetzte Vorzeichen.

Aufgaben:

1. Der Halbparameter einer Hyperbel ist $p = 8/3$, die Exzentrizität $e = 2\sqrt{13}$. Wie lautet die Gleichung der Hyperbel?

Zur Bestimmung von a und b hat man

1. $\qquad\qquad\qquad b^2/a = 8/3$
2. $\qquad\qquad\qquad e^2 = a^2 + b^2 = 52.$

Ergebnis: $\qquad\qquad x^2/36 - y^2/16 = 1.$

2. Eine Hyperbel hat die Gleichung $x^2/16 - y^2/9 = 1$. Wie lautet die Gleichung der Leitkreise?

$$(x \mp 5)^2 + y^2 = 64.$$

3. Eine Hyperbel hat die Halbachsen $a = 6$, $b = 4$, der Mittelpunkt die Koordinaten $M(5, 3)$. Wie lautet die allgemeine Gleichung?

Man erhält $\qquad (x-5)^2/36 - (y-3)^2/16 = 1$

oder $\quad 16x^2 - 160x + 400 - 36y^2 + 216y - 324 = 576$

$\qquad\qquad 4x^2 - 40x - 9y^2 + 54y - 125 = 0.$

4. Bestimme Achsen und Mittelpunktskoordinaten der Hyperbel

$$4x^2 - 16x - 9y^2 + 18y - 29 = 0!$$

Aus $\quad 4(x^2 - 4x + 4) - 9(y^2 - 2y + 1) = 29 + 16 - 9 = 36$

folgt $\qquad\qquad 4(x-2)^2 - 9(y-1)^2 = 36$

oder $\qquad\qquad (x-2)^2/9 - (y-1)^2/4 = 1.$

5. Brennstrahlen

Man erhält (s. Ellipse)

$$r_1' = \frac{e}{a} \cdot x - a = \frac{ex - a^2}{a}, \quad r_2 = \frac{e}{a} \cdot x + a = \frac{ex + a^2}{a}.$$

Setzt man $e/a = \varepsilon$, wo $\varepsilon > 1$ ist, dann ist

$$r_1 = \varepsilon x - a, \quad r_2 = \varepsilon x + a.$$

Aufgaben:

1. Auf der Hyperbel $36x^2 - 64y^2 = 2304$ ist der Punkt zu bestimmen, für den sich die nach ihm gezogenen Brennstrahlen wie $1:3$ verhalten.

Es ist $\left(\dfrac{e}{a} x_1 - a\right) : \left(\dfrac{e}{a} x_1 + a\right) = 1:3$, oder $3\left(\dfrac{5}{4} x_1 - 8\right) = \dfrac{5}{4} x_1 + 8$,

also $\qquad\qquad x_1 = 64/5.$

2. Für welchen Punkt der Hyperbel $9x^2 - 16y^2 = 144$ stehen die Brennstrahlen senkrecht aufeinander?

(Vergleiche entsprechende Aufgabe bei der Ellipse.)

Aus $x^2 + y^2 = 25$ und $9x^2 - 16y^2 = 144$ folgt $9(25 - y^2) - 16y^2 = 144$

$$y^2 = 81/25$$

$$y_1 = 9/5; \quad x_1 = (4/5)\sqrt{34}$$
$$y_2 = 9/5; \quad x_2 = -(4/5)\sqrt{34}$$
$$y_3 = -9/5; \quad x_3 = -(4/5)\sqrt{34}$$
$$y_4 = -9/5; \quad x_4 = (4/5)\sqrt{34}.$$

6. Hyperbel und Gerade

Bringt man die Hyperbel $x^2/a^2 - y^2/b^2 = 1$ mit der Geraden $y = m\,x + n$ zum Schnitt, so erhält man nach einigen Umformungen (s. Ellipse) für die Schnittpunkte

$$x_s = \frac{a^2\,m\,n \pm a\,b\,\sqrt{b^2 + n^2 - a^2\,m^2}}{b^2 - a^2\,m^2}, \qquad y_s = \frac{b^2\,n \pm a\,b\,m\,\sqrt{b^2 + n^2 - a^2\,m^2}}{b^2 - a^2\,m^2},$$

und zwar bilden die Lösungen x_s und y_s mit der positiven Wurzel ein zusammengehöriges Wertpaar für den einen Schnittpunkt und die mit der negativen Wurzel ein zweites für den anderen Schnittpunkt.
Ist

    1. $b^2 + n^2 > a^2 m^2$, dann ist die Gerade Sekante,

    2. $b^2 + n^2 < a^2 m^2$, dann ist $\sqrt{D}$ imaginär,

    3. $b^2 + n^2 = a^2\,m^2$, dann ist die Gerade Tangente.

Die Bedingung dafür, daß eine Gerade Hyperbeltangente ist, lautet demnach

$$a^2\,m^2 - b^2 = n^2.$$

Sonderfall: Ist $n = 0$ für die Gerade, ihre Gleichung also $y = m\,x$, so erhält man für die Schnittpunkte x_s; y_s

$$x_s = \pm \frac{a\,b}{\sqrt{b^2 - a^2\,m^2}}, \quad y_s = \pm \frac{a\,b\,m}{\sqrt{b^2 - a^2\,m^2}}$$

Aus diesen Ausdrücken erkennt man, daß die Schnittpunkte der durch den Mittelpunkt der Hyperbel gehenden Geraden $y = m\,x$ gleich weit voneinander entfernt sind, die Geraden also Durchmesser sind. Die Diskriminante des im Nenner stehenden Wurzelausdrucks $\sqrt{b^2 - a^2 m^2}$ läßt auch hier das Auftreten von drei Fällen erkennen:

    1. $b^2 > a^2 m^2$ zwei Schnittpunkte,

    2. $b^2 < a^2 m^2$ kein Schnittpunkt,

    3. $b^2 = a^2 m^2$, der Nenner wird zu 0, x_s und y_s werden unendlich groß und lassen erkennen, daß diese Geraden, deren Richtungsfaktoren $m = \pm b/a$ sind, die Hyperbel im Unendlichen schneiden.

Die Geraden nach 3., deren Gleichungen $y = (b/a)\,x$ und $y = -(b/a)\,x$ lauten, sind die Asymptoten der Hyperbel (s. zweite Konstr. S. 87).

7. Gleichungen der Tangente und Normalen

In derselben Weise wie bei der Ellipse erhält man

a) die Tangentengleichung: $\dfrac{x\,x_1}{a^2} - \dfrac{y\,y_1}{b^2} = 1$

und als Richtungsfaktor: $m = \dfrac{b^2\,x_1}{a^2\,y_1}.$

Hat der Mittelpunkt der Hyperbel die Koordinaten p und q und sind die Hauptachsen $2\,a$ und $2\,b$ parallel zu den Koordinatenachsen, dann lautet die Gleichung der Tangente im Punkte $P_1\,(x_1\,y_1)$:

$$\frac{(x - p)\,(x_1 - p)}{a^2} - \frac{(y - q)\,(y_1 - q)}{b^2} = 1.$$

b) die Gleichung der Normalen: $y - y_1 = -\dfrac{a^2 y_1}{b^2 x_1}(x - x_1)$.

c) Die Tangente im Punkte $P_1(x_1, y_1)$ halbiert den von den Brenn-strahlen gebildeten Winkel, die Normale den Nebenwinkel. Der Beweis sei in anderer Weise als bei dem entsprechenden Ellipsensatz geführt.

In dem Dreieck $F_2 F_1 P_1$ teilt die Tangente die Grundlinie $F_1 F_2$ in die Abschnitte $F_1 S$ und $F_2 S$ (s. Abb. 85).

Es ist nun $F_1 S = e - OS$, $F_2 S = e + OS$.

Für OS erhält man aus der Tangentengleichung, wenn man für den Schnittpunkt S der Tangente mit der x-Achse $y = 0$ setzt, a^2/x_1. Es ist demnach

$$F_1 S = e - \frac{a^2}{x_1} = \frac{e x_1 - a^2}{x_1},$$

$$F_2 S = e + \frac{a^2}{x_1} = \frac{e x_1 + a^2}{x_1}.$$

Da die Winkelhalbierende die gegenüberliegende Seite in Ab-schnitte teilt, die sich wie die

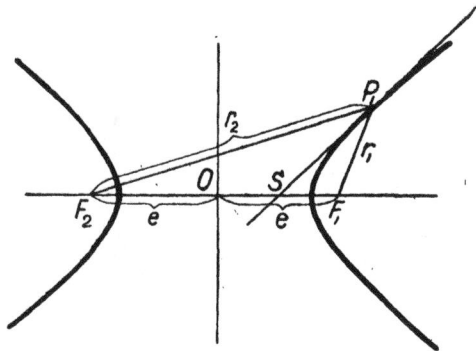

Abb. 85.

anstoßenden Seiten verhalten, so findet man die identische Gleichung:

$$\frac{e x_1 - a^2}{x_1} : \frac{e x_1 + a^2}{x_1} = r_1 : r_2 = \left(\frac{e x_1 - a^2}{a}\right) : \left(\frac{e x_1 + a^2}{a}\right)$$

und damit die behauptete Winkelhalbierung bestätigt.

d) Fällt man von F_1 (s. Abb. 86) das Lot auf die Tangente PR, verlängert es bis P' und verbindet man R mit O, dann ist wie bei der Ellipse $OR \parallel F_2 P'$ und gleich $(1/2)(r_2 - r_1) = a$ (Strahlensatz). Es liegt somit

1. der Fußpunkt eines vom Brenn-punkt einer Hyperbel auf die Tangente gefällten Lotes auf dem Hauptkreis,

2. der Gegenpunkt (P') des Brennpunktes (F_1) in bezug auf die Tangente auf dem Leitkreis.

Aufgabe: Leite aus d_1 eine Umhüllungskonstruktion für die Hyperbel ab (s. entsprechende Konstruktion bei der Ellipse).

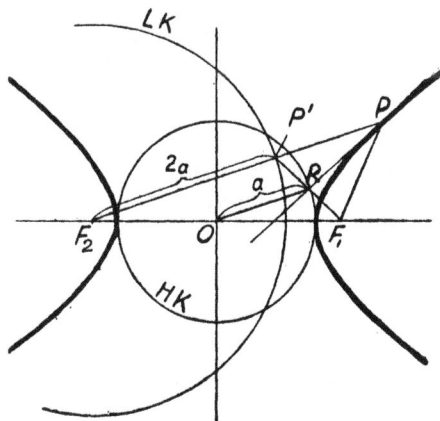

Abb. 86.

8. Durchmesser der Hyperbel

a) **Die Mitten aller parallelen Sehnen einer Hyperbel liegen auf einem Durchmesser.**

Mit Beibehaltung der Bezeichnungen für die Entwicklung der Ellipsendurchmesser erhält man als Gleichung des Ortes für die Mitten aller parallelen Sehnen

$$\eta = \frac{b^2}{a^2 m_1} \cdot \xi,$$

wo $b^2/(a^2 m_1)$ der Richtungsfaktor des Hauptdurchmessers HD ist, der durch die Mitten aller parallelen Sehnen läuft.

b) Bezeichnet man diesen Richtungsfaktor, der in m_1 den Richtungsfaktor der parallelen Sehnen enthält, allgemein mit m, so gilt die Beziehung

$$m = b^2/(a^2 m_1) \quad \text{oder} \quad m \cdot m_1 = b^2/a^2.$$

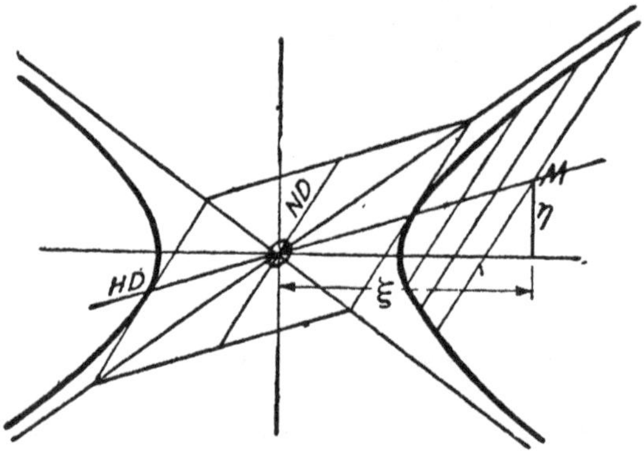

Je zwei Durchmesser, deren Richtungsfaktoren m und m_1 die obige Bedingung erfüllen, sind konjugierte Durchmesser. Jeder von ihnen halbiert die Sehnen, die dem andern parallel sind. Zum Unterschiede von der Ellipse müssen die konjugierten Durchmesser der Hyperbel mit der x-Achse entweder zwei spitze oder zwei stumpfe Winkel bilden, da das Produkt $m \cdot m_1$ nur bei gleichen Vorzeichen positiv bleibt.

Abb. 87.

Aus $m = b/a$ und $m_1 = b/a$ folgt, daß die beiden konjugierten Durchmesser in der Asymptote zusammenfallen müssen, da $m = m_1$ ist.

Anmerkung: Die Länge eines Nebendurchmessers ND ist gleich dem von den Asymptoten begrenzten Stück der ihm parallelen Tangente.

9. Aufgaben

1. Wie lautet die Gleichung der gleichseitigen Hyperbel, die durch den Kreis $x^2 + (y - 10)^2 = 100$ von außen berührt wird?

Aus $x^2 - y^2 = a^2$ und $x^2 + (y - 10)^2 = 100$ folgt

$$a^2 + y^2 + y^2 - 20y + 100 = 100 \quad \text{und hieraus} \quad y = 5 \pm \sqrt{25 - a^2/2}.$$

Die Diskriminante $D = 25 - a^2/2 = 0$ ergibt $a^2 = 50$ und somit die Gleichung $x^2 - y^2 = 50$.

2. Wie lautet die Gleichung des Kreises, der die Hyperbel $x^2/a^2 - y^2/a^2 = 1$ und die x-Achse im Nullpunkte berührt, wenn sein Mittelpunkt auf der positiven y-Achse liegt?

Aus $x^2 + (y - r)^2 = r^2$ und $b^2 x^2 - a^2 y^2 = a^2 b^2$ erhält man die quadratische Gleichung

$$y^2 - \frac{2 r b^2}{a^2 + b^2} y + \frac{a^2 b^2}{a^2 + b^2} = 0,$$

deren Diskriminante $D = r^2 b^4 - a^4 b^2 - a^2 b^4 = 0$ werden muß, wenn eine Berührung beider Kurven stattfinden soll.

Daraus folgt $\qquad r = (a/b) \sqrt{a^2 + b^2}.$

Zahlenbeispiel: Gegeben ist die Hyperbel $x^2/16 - y^2/4 = 1$.

Ergebnis: $r = 4\sqrt{5}$ und somit die Gleichung des Kreises

$$x^2 + (y - 4\sqrt{5})^2 = 80.$$

3. Unter welcher Bedingung berührt die Parabel $x^2 = 2py$ die gleichseitige Hyperbel $x^2 - y^2 = a^2$?

Aus $x^2 - y^2 = a^2$ und $x^2 = 2py$ folgt $y^2 - 2py + a^2 = 0$

$$y = p \pm \sqrt{p^2 - a^2}.$$

Man erhält

$$D = p^2 - a^2 = 0, \text{ also } p = a.$$

4. Gegeben ist die Hyperbel $x^2 - y^2 = 16$. Wie lautet die Gleichung der Parabel, die diese Hyperbel berührt, wenn ihre Achse die y-Achse ist? Bestimme die Berührungspunkte und berechne das von den gemeinsamen Tangenten und der Berührungssehne gebildete Dreieck!

Ergebnis: Parabelgleichung: $x^2 = 8y$

Berührungspunkt: $y_t = 4; \; x_t = \pm 4\sqrt{2}$

Tangentengleichung: $y = \pm \sqrt{2} \cdot x - 4$

Inhalt des $\triangle$: $\quad J = \dfrac{g}{2} \cdot h = 4 \cdot \sqrt{2} \cdot 8 = 32 \sqrt{2}.$

5. Eine Hyperbel geht durch den Punkt P_1 (15, 8). Ihre Asymptoten haben die Gleichungen $y = \pm (2/3) x$. Bestimme ihre Gleichung!
Die Achsen a und b folgen aus

    1. $225/a^2 - 64/b^2 = 1$;   2. $b/a = 2/3$.

Ergebnis: $\qquad\qquad x^2/81 - y^2/36 = 1$.

6. Eine Hyperbel wird von der Geraden $y = (5/4) x + 4$ berührt. Ihre Exzentrizität ist $e = 5$. Wie lautet ihre Gleichung?
   Zur Bestimmung von a und b hat man die Gleichungen:

    1. $(25/16) a^2 - b^2 = 16$;   2. $a^2 + b^2 = 25$.

Ergebnis: $\qquad\qquad x^2/16 - y^2/9 = 1$.

7. Eine Hyperbel hat die Gerade $y = (5/6) x + 3$ zur Tangente und die Gerade $y = (2/3) x$ zur Asymptote. Wie lautet ihre Gleichung?
Aus zwei leicht aufzustellenden Gleichungen folgt $a = 6, b = 4$ und somit
$$x^2/36 - y^2/16 = 1.$$

8. Bei der Hyperbel $x^2/36 - y^2/24 = 1$ sind zwei konjugierte Durchmesser so zu bestimmen, daß sie einen Winkel von 45^0 einschließen! Zur Bestimmung von m_1 und m_2 hat man zwei Gleichungen:

$$1. \quad m_1 \cdot m_2 = b^2/a^2 = 2/3; \qquad 2. \quad \frac{m_1 - m_2}{1 + m_1 m_2} = \mathrm{tg}\,\varphi = 1.$$

Die sich daraus ergebende quadratische Gleichung $m^2 + (5/3)\,m - 2/3 = 0$ liefert $m_1 = 1/3$ bzw. -2, $m_2 = 2$ bzw. $-1/3$.
Daraus folgt $y = + (1/3)\,x$; $y = 2\,x$ und $y = -2\,x$; $y = -(1/3)\,x$.

9. Die Hyperbel $x^2/144 - y^2/36 = 1$ wird von der Geraden $y = (3/2)\,x - 22$ geschnitten. Berechne die Schnittpunkte derselben mit der Hyperbel und den Asymptoten! Zeige, daß die zwischen den Hyperbelzweigen und den Asymptoten liegenden Abschnitte gleich sind (s. Abb. 88)!

a) Schnittpunkte mit der Hyperbel.

Aus $x^2/144 - y^2/36 = 1$ und $y = (3/2)\,x - 22$ folgt $x_1 = 20$; $x_2 = 13$;
$\qquad y_1 = 8$; $y_2 = -2,5$.

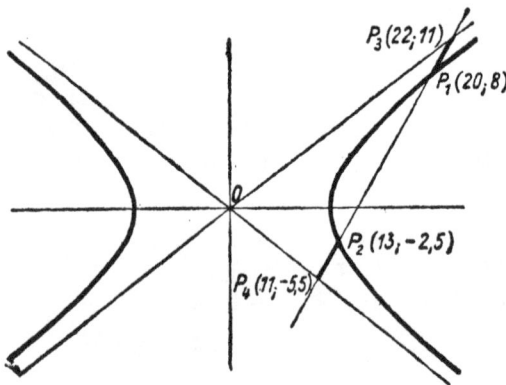

Abb. 88.

b) Schnittpunkte mit den Asymptoten.

Aus der Gleichung der Asymptote $y = \pm (1/2)\,x$ und der der Geraden

$$y = (3/2)\,x - 22$$

folgt $x_3 = 22$; $y_3 = 11$; $x_4 = 11$; $y_4 = -5,5$.

c) Für die Abschnitte $P_1 P_3$ und $P_2 P_4$ gilt

$$P_1 P_3 = \sqrt{2^2 + 3^2} = \sqrt{13}$$
$$P_2 P_4 = \sqrt{2^2 + 3^2} = \sqrt{13}.$$

10. Ableitung einer allgemeinen Kegelschnittgleichung

Ein Punkt F und eine Gerade L sind gegeben. Es ist der Ort aller Punkte zu bestimmen, deren Entfernung vom Punkte F in einem bestimmten Verhältnis zu dem Abstand von L steht.

Es sei L die y-Achse, das von dem Punkte F auf L gefällte Lot die x-Achse und $OF = d$. Wenn $P(x, y)$ ein Punkt der gesuchten Kurve ist und ε das vorgeschriebene Verhältnis ist, dann gilt

$$PF : PL = \varepsilon.$$

Nun ist aber

$$PF = \sqrt{(x-d)^2 + y^2}$$

und

$$PL = x.$$

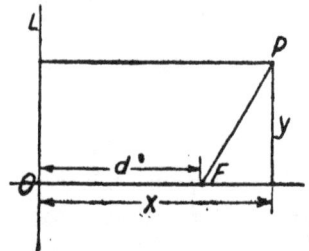

Abb. 89.

Demnach ist $\sqrt{(x-d)^2+y^2} : x = \varepsilon$

$$(x-d)^2 + y^2 = \varepsilon^2\, x^2$$
$$x^2 - 2\,d\,x + d^2 + y^2 = \varepsilon^2\, x^2$$
$$x^2\,(1-\varepsilon^2) - 2\,d\,x + y^2 + d^2 = 0.$$

Die Gestalt der Kurve hängt wesentlich von dem Faktor $(1-\varepsilon^2)$ ab. Ist

1. $\varepsilon < 1$, dann haben die Glieder mit x^2 und y^2 dasselbe Vorzeichen. In diesem Falle stellt die Kurve eine Ellipse dar.

2. $\varepsilon = 1$, dann verschwindet das Glied mit x^2, da $1-\varepsilon^2$ zu 0 wird. Parabel.

3. $\varepsilon > 1$, dann wird der Koeffizient von x^2 negativ, während y^2 positiv bleibt. Die Glieder x^2 und y^2 haben also verschiedene Vorzeichen. Hyperbel.

In welchen Punkten schneidet die Kurve die x-Achse? Die Auflösung der Gleichung

$$x^2 - \frac{2\,d}{1-\varepsilon^2}\cdot x + \frac{y^2+d^2}{1-\varepsilon^2} = 0 \text{ ergibt, da } y = 0 \text{ wird,}$$

$$x_s = \frac{d}{1-\varepsilon^2} \pm \sqrt{\frac{d^2-(1-\varepsilon^2)\,d^2}{(1-\varepsilon^2)^2}} = \frac{d \pm \sqrt{d^2-d^2+\varepsilon^2\,d^2}}{1-\varepsilon^2} = \frac{d\,(1\pm\varepsilon)}{1-\varepsilon^2}$$

$$x_{s1} = \frac{d}{1-\varepsilon}; \qquad x_{s2} = \frac{d}{1+\varepsilon}.$$

Aus der Diskussion dieser Werte erhält man folgendes Ergebnis:

1. Ist $\varepsilon = 1$, dann wird x_1 zu $d/0 \to \infty$ und x_2 zu $d/2$ (Parabel).

2. Ist $\varepsilon > 1$, dann wird x_1 negativ, x_2 positiv (Hyperbel). Die Hyperbel schneidet also die x-Achse rechts und links vom Nullpunkte.

3. Ist $\varepsilon < 1$, dann sind x_1 und x_2 positiv (Ellipse). Die Ellipse schneidet die x-Achse in 2 Punkten, die rechts vom Nullpunkte liegen.

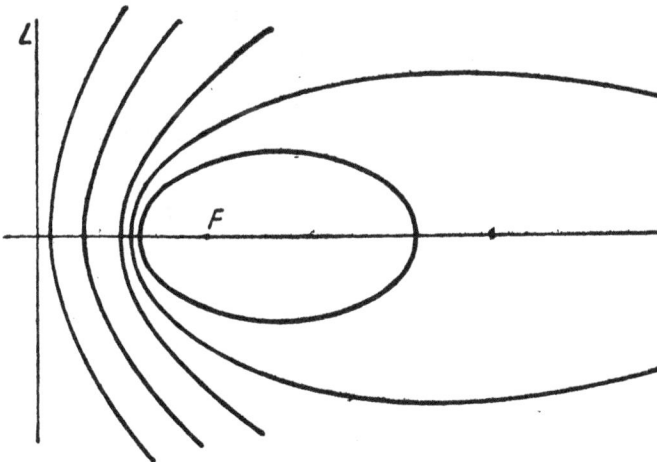

Abb. 90.

Zu derselben Erkenntnis kommt man auch durch nachfolgende Über-
legung: Der Brennpunkt F und die Leitlinie seien fest, während ε variabel
ist; dann gehört, wie leicht einzusehen ist, zu jedem ε eine bestimmte
Kurve. Wählt man ε klein, dann erhält man eine Ellipse, die immer größer
wird, wenn ε wächst. Der 2. Schnittpunkt entfernt sich immer mehr,
je näher ε dem Werte 1 kommt. Für $\varepsilon = 1$ ist der 2. Schnittpunkt ins
Unendliche gerückt — die Ellipse ist zur Parabel geworden.
Wächst ε über 1 hinaus, so erscheint der zweite Scheitel, aus dem Unendlichen kommend, auf der anderen Seite des 0-Punktes wieder — die Kurve
ist zur Hyperbel geworden (s. Abb. 90).

11. Drehung des Achsensystems. 2. Ableitung

Erfolgt eine Drehung des Achsensystems um den Winkel φ und sind
x und y die Koordinaten des Punktes P im alten System, so sind x' und y'
die Koordinaten im gedrehten System.

Aus Abb. 91 erhält man

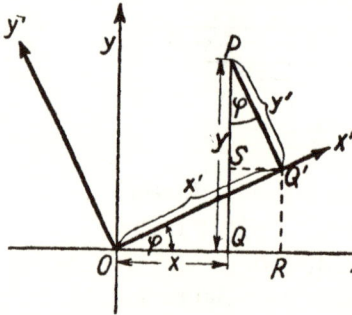

Abb. 91.

$$y = PQ = PS + Q'R$$
$$= y' \cdot \cos \varphi + x' \sin \varphi$$
1. $y = x' \sin \varphi + y' \cos \varphi$
$$x = OQ = OR - SQ'$$
$$= x' \cos \varphi - y' \sin \varphi$$
2. $x = x' \cos \varphi - y' \sin \varphi$.

1. Beispiel: Gegeben sei die Parabel
$y^2 = 2\,px$. Wie lautet ihre Gleichung
im gedrehten System, wenn der Drehungs-
winkel $\varphi = 45^0$ ist?

Da $\sin 45^0 = \cos 45^0 = (1/2)\sqrt{2}$ ist, so erhält man aus (1) und (2)

$$y = (1/2)\sqrt{2}\,(x' + y'), \quad x = (1/2)\sqrt{2}\,(x' - y').$$

Setzt man diese Werte in $y^2 = 2\,px$ ein, so ist

$$(1/2)(x' + y')^2 = p \cdot \sqrt{2}\,(x' - y')$$
$$x'^2/2 + x' \cdot y' + y'^2/2 = p\sqrt{2} \cdot x' - p\sqrt{2}\,y'$$

oder

$$x'^2/2 + x' \cdot y' + y'^2/2 - p\sqrt{2} \cdot x' + p\sqrt{2}\,y' = 0.$$

Als bemerkenswerte Tatsache ist das Vorkommen des Produktes $x'\,y'$ festzustellen.

2. Beispiel: Die Asymptotengleichung der Hyperbel.

Die Gleichung der Hyperbel im xy-System lautet, wenn $a = b$ ist,

$$x^2 - y^2 = a^2.$$

Die Asymptoten bilden mit der x-Achse einen Winkel von 45^0. Sollen sie
die Achsen im gedrehten System bilden, so muß, wie leicht ersichtlich, die

Drehung um den Winkel $\varphi = -45^0$ erfolgen. Der negative Wert von φ bedeutet eine Drehung im Sinne des Uhrzeigers.

Unter Verwendung der Beziehungen in voriger Aufgabe erhält man nach Einsetzen in die Gleichung der gleichseitigen Hyperbel

$$x^2 - y^2 = a^2$$
$$(1/2)\,(x' + y')^2 - (1/2)\,(-x' + y')^2 = a^2$$
$$x'^2 + 2\,x'\,y' + y'^2 - x'^2 + 2\,x'\,y' - y'^2 = 2\,a^2$$
$$4\,x'\,y' = 2\,a^2$$
$$x'\,y' = (1/2)\,a^2.$$

Setzt man $(1/2)\,a^2 = f^2$, so ist $f = (a/2)\,\sqrt{2}$ also die Seite eines Quadrats, in dem a die Diagonale ist (s. Abb. 92), während f den Abstand des Scheitels der Hyperbel von den Asymptoten darstellt. Aus

$$x'\,y' = (1/2)\,a^2$$

erhält man somit

$$x' \cdot y' = f^2.$$

Die durch $p \cdot v = R\,T =$ konstant in der Wärmelehre bestimmte Isotherme ist daher auch eine gleichseitige Hyperbel.

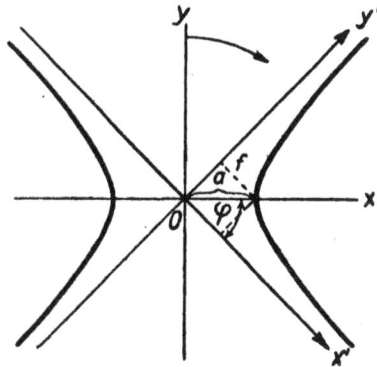

Abb. 92.

Von den geometrischen Örtern

1. Allgemeines

In der Elementargeometrie versteht man unter dem geometrischen Ort eine Linie, deren sämtliche Punkte eine gewisse Bedingung erfüllen. (Mittellot, Winkelhalbierungslinie, Kreis usw.) Zu diesen treten in der analytischen Geometrie Parabel, Ellipse und Hyperbel, die zum Zwecke der Aufstellung der Gleichungen als geometrische Örter definiert wurden. Durch die Bestimmung von geometrischen Örtern mit Hilfe der Methoden der analytischen Geometrie, die Descartes zuerst angewandt hat, ist der Analysis ein umfangreiches und interessantes Anwendungsgebiet erschlossen.

Einige Regeln zur Lösung von Ortsaufgaben sollen den Beispielen vorangehen:

1. Man wähle die Lage des Koordinatensystems zweckmäßig.
2. Man benenne die Koordinaten der gegebenen und der gesuchten Punkte und stelle, wenn die Aufgabe bestimmte Begriffe, wie „Länge einer Strecke, Teilpunkt einer Strecke" bringt, sogleich die Formeln dafür auf.
3. Für die Gleichung einer Geraden wähle man die Form $y = mx + n$, für die Gleichung durch einen Punkt $y - y_1 = m\,(x - x_1)$, für die

Gleichung durch 2 Punkte $\dfrac{y - y_1}{x - x_1} = \dfrac{y_1 - y_2}{x_1 - x_2}$. Man verwende die Normalform $x \cdot \cos \varphi + y \sin \varphi - d = 0$, wenn es sich um den Abstand eines Punktes von einer Geraden handelt.

4. Man verwende, wenn möglich, planimetrische Sätze.

5. Oft ist es zweckmäßig, eine Hilfsgröße, Parameter genannt, einzuführen, zwei Gleichungen zwischen den laufenden Koordinaten eines Ortspunktes und der Hilfsgröße aufzustellen und diese dann zu eliminieren.

2. Aufgaben.

1. Bestimme den geometrischen Ort des Punktes, für den die Differenz der Quadrate seiner Abstände von zwei gegebenen Punkten gleich einem gegebenen Quadrat (b^2) ist.

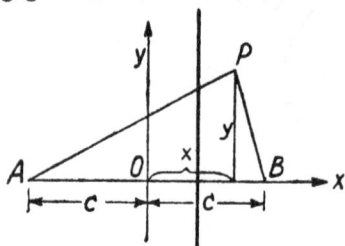

Abb. 93.

Gegeben: $A (-c; 0)$, $B (+c; 0)$ und b^2.
Bedingung: $(AP)^2 - (BP)^2 = b^2$.

Hat der gesuchte Punkt P die Koordinaten x und y, so ist

$$(AP)^2 = (c + x)^2 + y^2 \text{ und}$$
$$(BP)^2 = (c - x)^2 + y^2.$$

Man erhält demnach für die Bedingungsgleichung

$$(c + x)^2 + y^2 - [(c - x)^2 + y^2] = b^2$$
$$c^2 + 2cx + x^2 + y^2 - c^2 + 2cx - x^2 - y^2 = b^2$$
$$4cx = b^2$$
$$x = \frac{b^2}{4c}$$

d. h. der gesuchte Ort ist eine Parallele zur y-Achse im Abstande $b^2/(4c)$.

Konstruktion: Aus $x = b^2/(4c)$ folgt $b^2 = 4cx$ oder $4c : b = b : x$. x ist also die dritte Proportionale zu $4c$ und b.

2. Welches ist der geometrische Ort für den Mittelpunkt aller Sehnen, die von einem Endpunkte des Durchmessers eines Kreises gezogen werden können ?

Gegeben: Kreis mit Radius r.
Bedingung: $AP = PB$.
Daraus folgt

$$(AP)^2 = (PB)^2$$
$$r^2 - (x^2 + y^2) = (r - x)^2 + y^2$$
$$r^2 - x^2 - y^2 = r^2 - 2rx + x^2 + y^2$$

$$x^2 + y^2 - r\,x = 0$$
$$x^2 - r\,x + r^2/4 + y^2 = r^2/4$$
$$\left(x - \frac{r}{2}\right)^2 + y^2 = \frac{r^2}{4}\,.$$

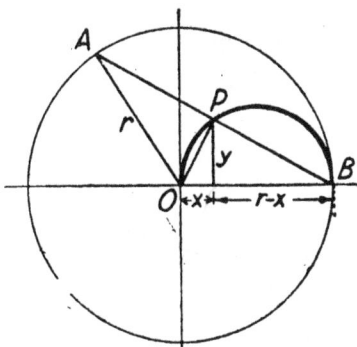

Der geometrische Ort ist also ein Kreis mit dem Radius $r/2$ und den Mittelpunktskoordinaten $(r/2, 0)$.

3. Gegeben ist ein Kreis und eine Tangente des Kreises. Welches ist der geometrische Ort für M des Kreises, der die Tangente und den Kreis berührt?

Abb. 94.

Man wähle den zentrischen Kreis und als Tangente die zur y-Achse parallel laufende Tangente. Man kommt dann leicht zu einer Gleichung.

Bedingung dafür, daß der gesuchte Kreis Tangente und Kreis berührt, ist

$$M\,B = M\,A$$
$$r - x = \sqrt{x^2 + y^2} - r$$
$$(2\,r - x)^2 = x^2 + y^2$$
$$4\,r^2 - 4\,r\,x + x^2 = x^2 + y^2$$
$$y^2 = -4\,r\,x + 4\,r^2$$
$$y^2 = -4\,r\,(x - r).$$

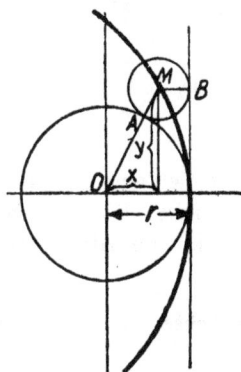

Der geometrische Ort ist eine nach links geöffnete Parabel, deren Scheitel um r nach rechts verschoben ist.

Abb. 95.

4. Welches ist der geometrische Ort des Mittelpunktes der Kreise, die einen Halbkreis und seinen Durchmesser berühren?

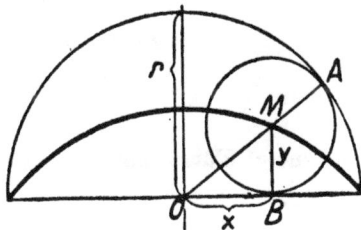

Bedingung:

$$M\,A = M\,B$$
$$r - O\,M = y$$
$$r - \sqrt{x^2 + y^2} = y$$
$$\sqrt{x^2 + y^2} = r - y$$
$$x^2 + y^2 = r^2 - 2\,r\,y + y^2$$
$$x^2 = -2\,r\left(y - \frac{r}{2}\right).$$

Abb. 96.

Der geometrische Ort ist eine nach unten geöffnete Parabel, deren Scheitel um $r/2$ in Richtung der positiven y-Achse verschoben ist.

5. Welches ist der geometrische Ort des Punktes, für den die Entfernung von einer gegebenen Geraden gleich dem Tangentenabschnitt an einen gegebenen Kreis ist?

7*

Bedingung: $PA = PB$.

Daraus folgt

$$(OP)^2 - r^2 = (a - x)^2$$
$$x^2 + y^2 - r^2 = a^2 - 2ax + x^2$$
$$y^2 = -2ax + (a^2 + r^2)$$
$$y^2 = -2a\left(x - \frac{a^2 + r^2}{2a}\right).$$

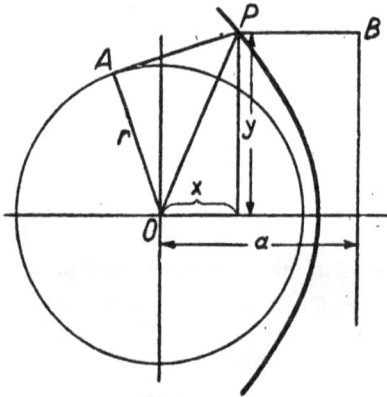

Abb. 97.

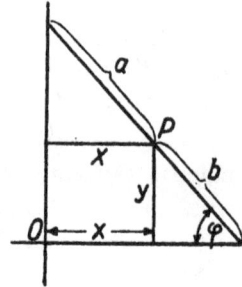

Abb. 98.

6. Zwischen den Schenkeln eines rechten Winkels bewegt sich eine Gerade g so, daß ihre Endpunkte an den Schenkeln entlang gleiten. Welches ist der geometrische Ort des Punktes P, der die Gerade in die Abschnitte a und b teilt?

1. Lösung: Zieht man durch P eine Parallele zur x-Achse, so entstehen ähnliche Dreiecke. Es verhält sich:

$$b : y = a : \sqrt{a^2 - x^2}$$
$$b^2 : y^2 = a^2 : (a^2 - x^2)$$
$$b^2 x^2 + a^2 y^2 = a^2 b^2$$
$$\frac{x^2}{a^2} + \frac{y^2}{b^2} = 1.$$

2. Lösung: Führt man den Parameter φ ein, dann erhält man

1. $y/b = \sin \varphi$ oder $y^2/b^2 = \sin^2 \varphi$

2. $x/a = \cos \varphi$ oder $x^2/a^2 = \cos^2 \varphi$.

Durch Addition erhält man $\dfrac{x^2}{a^2} + \dfrac{y^2}{b^2} = \sin^2 \varphi + \cos^2 \varphi = 1$.

Für $a = b$ ist der geometrische Ort ein Kreis.

7. Gesucht ist der geometrische Ort des Punktes, dessen von ihm nach A und B gezogenen Verbindungslinien einen gegebenen Winkel γ einschließen.

Es ist

$$\operatorname{tg}\gamma = \operatorname{tg}\left[180 - (\alpha + \beta)\right]$$
$$= -\operatorname{tg}(\alpha + \beta)$$
$$= -\frac{\operatorname{tg}\alpha + \operatorname{tg}\beta}{1 - \operatorname{tg}\alpha \cdot \operatorname{tg}\beta}.$$

Nun ist

$$\operatorname{tg}\alpha = \frac{y}{a+x}; \quad \operatorname{tg}\beta = \frac{y}{a-x}.$$

Abb. 99.

Es ist also

$$\operatorname{tg}\gamma = -\frac{\dfrac{y}{a+x} + \dfrac{y}{a-x}}{1 - \dfrac{y^2}{a^2 - x^2}} = -\frac{a\,y - x\,y + a\,y + x\,y}{a^2 - x^2 - y^2}$$

$$a^2 - x^2 - y^2 = -2\,a\,y \cdot \operatorname{ctg}\gamma$$
$$x^2 + y^2 - 2\,a\,y \cdot \operatorname{ctg}\gamma = a^2 \quad (\text{Kreis } M\,(0;\ a \cdot \operatorname{ctg}\gamma)).$$

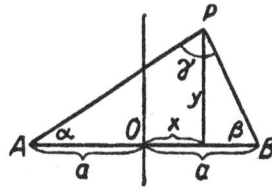

8. Wo liegt M des Kreises, der einen gegebenen Kreis $r_1 = 8$ cm von innen berührt und durch einen gegebenen Punkt B geht, der von M des gegebenen Kreises den Abstand $a = 4$ cm hat?

Bedingung:

$$M\,A = M\,B$$
$$(8 - \sqrt{x^2 + y^2})^2 = (\sqrt{(x-4)^2 + y^2})^2$$
$$64 - 16\sqrt{x^2 + y^2} + x^2 + y^2 =$$
$$= x^2 - 8\,x + 16 + y^2$$
$$16\sqrt{x^2 + y^2} = 8\,x + 48$$
$$(2\sqrt{x^2 + y^2})^2 = (x + 6)^2$$
$$4\,x^2 + 4\,y^2 = x^2 + 12\,x + 36$$
$$3\,x^2 - 12\,x + 4\,y^2 = 36$$
$$3\,(x^2 - 4\,x + 4) + 4\,y^2 = 36 + 12$$
$$3\,(x - 2)^2 + 4\,y^2 = 48$$
$$\frac{(x-2)^2}{16} + \frac{y^2}{12} = 1 \quad (\text{Ellipse}).$$

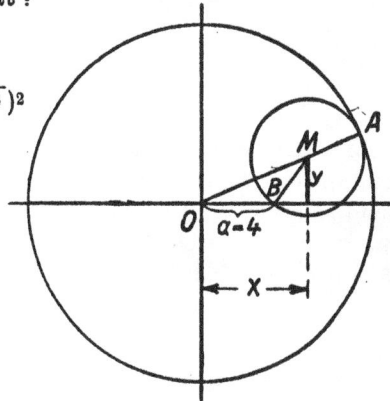

Abb. 100.

9. Von einem Punkt der Achse einer Parabel ist eine Gerade zur Parabel gezogen. Welches ist der geometrische Ort für den Mittelpunkt dieser Geraden bei Drehung derselben um den Achsenpunkt?
Gegeben ist die Parabel $y^2 = 2\,p\,x$ und Punkt $A\,(a, 0)$. Die Gleichung der Geraden sei $y = m\,(x - a)$. Bezeichnet man die Koordinaten des Halbierungspunktes P mit ξ und η, so ist

1. $\qquad\qquad y = 2\,\eta \quad (\text{s. Abb. 101}).$

2. $\qquad\qquad x = \dfrac{2\,\eta^2}{p} \quad (\text{folgt aus } y^2 = 2\,p\,x).$

3. $\qquad\qquad m = -\dfrac{\eta}{a - \xi} = \dfrac{\eta}{\xi - a}.$

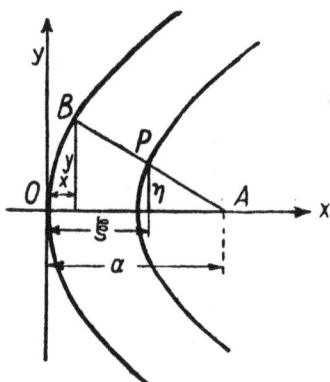

Abb. 101.

Setzt man diese Werte in die Gleichung der Geraden $y = m(x - a)$ ein, so erhält man als Ortsgleichung

$$2\,\eta = \frac{\eta}{\xi - a} \cdot \left(\frac{2\,\eta^2}{p} - a\right)$$

$$2\,\xi - 2\,a = \frac{2\,\eta^2}{p} - a$$

$$2\,p\,\xi - 2\,a\,p = 2\,\eta^2 - a\,p$$

$$\eta^2 = p\left(\xi - \frac{a}{2}\right) \quad \text{(Parabel)}.$$

10. Eine Sehne eines Kreises dreht sich um den einen Endpunkt. Welchen Weg beschreibt der Punkt, der die Sehne im Verhältnis 2:3 teilt?

Es ist

     1. $x^2 + y^2 = r^2$

die Gleichung des gegebenen Kreises und

     2. $y - 0 = m(\overline{x + r})$

die Gleichung der von A ausgehenden Sehne. Die Koordinaten von P sind $-\xi$ und η. Um die Ortsgleichung zu erhalten, muß man die in (2) vorkommenden Größen m, y und x durch ξ und η ausdrücken. Aus der Abb. 102 folgt:

     3. $\operatorname{tg}\alpha = m = \eta/[r - (-\xi)]$
              $m = \eta/(r + \xi)$
     4. $A\,P : A\,B = 2 : 5 = \eta : y$
              $y = (5/2)\,\eta.$

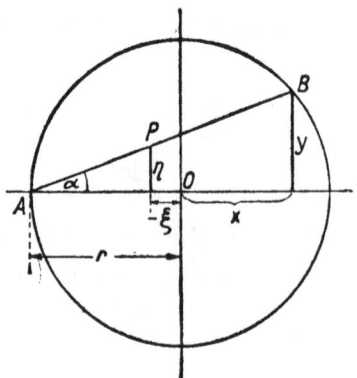

Abb. 102.

Aus der Kreisgleichung in Verbindung mit 4. erhält man

     5. $x = \sqrt{r^2 - (25/4)\,\eta^2}.$

Setzt man die Werte aus 3., 4. und 5. in 2. ein, so ist

$$(5/2)\,\eta = [\eta/(r + \xi)] \cdot \left(\sqrt{r^2 - (25/4)\,\eta^2} + r\right)$$

$$(5/2)\,r + (5/2)\,\xi = \sqrt{r^2 - (25/4)\,\eta^2} + r$$

$$[(3/2)\,r + (5/2)\,\xi]^2 = r^2 - (25/4)\,\eta^2$$

$$(9/4)\,r^2 + (30/4)\,r\,\xi + (25/4)\,\xi^2 = (4/4)\,r^2 - (25/4)\,\eta^2$$

$$5\,\xi^2 + 6\,r\,\xi + 5\,\eta^2 = -r^2$$

$$5\,[\xi^2 + (6/5)\,r\,\xi + (9/25)\,r^2] + 5\,\eta^2 = (45/25)\,r^2 - r^2$$

$$5\,[\xi + (3/5)\,r]^2 + 5\,\eta^2 = (20/25)\,r^2$$

$$[\xi + (3/5)\,r]^2 + \eta^2 = (4/25)\,r^2 \quad \text{(Kreis)}.$$

11. Die Spitze A eines gleichschenkligen Dreiecks bewege sich auf einer Geraden g, während B festliegt und AC auf g senkrecht bleibt. Welchen Ort beschreibt die Ecke C?

Es sei die Gerade g die x-Achse, f die Entfernung des Punktes B vom Koordinatenanfangspunkt.

Bedingung: $\quad AB = AC$

oder

$$\sqrt{\xi^2 + f^2} = \eta$$
$$\xi^2 + f^2 = \eta^2$$
$$\eta^2 - \xi^2 = f^2.$$

Der geometrische Ort ist eine Hyperbel, deren Achse die y-Achse ist.

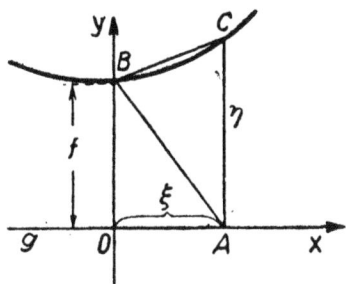

Abb. 103.

12. Welchen Ort beschreibt die Mitte einer Dreiecksseite AC, wenn die Seite $BC = 7$ cm festliegt und die Ecke A sich auf einem Kreise mit $r = 3$ cm bewegt. M dieses Kreises hat von B die Entfernung $d_1 = 5$ cm und von BC den Abstand $d_2 = 4$ cm.

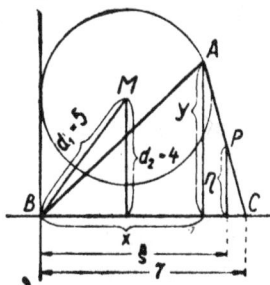

Abb. 104.

Für den Kreis gilt die Gleichung

$$(x - 3)^2 + (y - 4)^2 = 9.$$

Sind ξ und η die Koordinaten des Punktes P, so lassen sich aus dem Dreieck ABC folgende Beziehungen ableiten:

1. $\qquad y = 2\,\eta$
2. $\qquad (7 - \xi) : (7 - x) = 1 : 2$
   $\qquad$ also $x = 2\,\xi - 7$.

Setzt man die Werte für x und y in die Kreisgleichung ein, so ist

$$(2\,\xi - 10)^2 + (2\,\eta - 4)^2 = 9.$$

Hieraus erhält man nachstehende Ortsgleichung:

$$(\xi - 5)^2 + (\eta - 2)^2 = 9/4.$$

13. Die Hypotenuse eines rechtwinkligen Dreiecks drehe sich um einen ihrer Punkte $P\,(a, b)$ während die Katheten ihre Richtungen beibehalten. Welches ist der geometrische Ort für den Mittelpunkt der Hypotenuse?

Man lege die Achsen in die Katheten des Dreiecks. Da die Hypotenuse durch $P\,(a, b)$ geht, so lautet ihre Gleichung

$$y - b = m\,(x - a) \quad \text{oder} \quad m\,x - y = m\,a - b$$

oder auf die Abschnittsform gebracht

$$\frac{m\,x}{m\,a - b} + \frac{y}{-(m\,a - b)} = 1, \quad \frac{x}{(m\,a - b)/m} + \frac{y}{-(m\,a - b)} = 1.$$

Es ist also $OA = (m\,a - b)/m$, $\quad OB = b - m\,a$.

Da M der Mittelpunkt der Hypotenuse ist, sind die Koordinaten von M (x, y) die Hälften von AO und BO. Man erhält (s. Abb. 105):

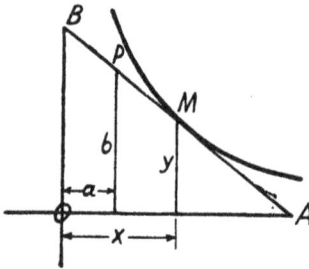

1. $x = (m\,a - b)/(2\,m)$;
2. $y = (b - m\,a)/2$.

In diesen beiden Gleichungen ist m als variabel anzusehen, da bei der Drehung der Hypotenuse ihr Richtungsfaktor ständig andere Werte annimmt. Jedem Wertepaar (x, y) entspricht ein anderer Wert von m (Parameter). Durch Eliminieren erhält man die gesuchte Ortsgleichung. Aus 1. und 2. erhält man

Abb. 105.

1 a. $2\,m\,x = m\,a - b$ 2 a. $2\,y = b - m\,a$

$m = b/(a - 2\,x)$ $m = (b - 2\,y)/a$.

Durch Gleichsetzen beider Werte erhält man $(b - 2y)/a = b/(a - 2x)$

$$a\,b - 2\,a\,y - 2\,b\,x + 4\,x\,y = a\,b$$
$$2\,x\,y - a\,y - b\,x = 0.$$

Das ist (s. S. 113) die Gleichung einer Hyperbel, da $A = 0$; $2\,B = 2$ und $C = 0$, also: $A\,C - B^2 = 0 - 1 < 0$ ist.

Es ist

$\operatorname{tg} 2\,\varphi = B/(A - C) = 2/0 \to \infty$; $2\,\varphi = 90^0$, $\varphi = 45^0$, der Drehwinkel des Koordinatensystems für $B' = 0$

$A' = 1$; $C' = -1$

$D' = -b\,(1/2)\sqrt{2} - a\,(1/2)\sqrt{2}$ $E' = -a\,(1/2)\sqrt{2} + (1/2)\sqrt{2} \cdot b$

$\quad = -(1/2)\sqrt{2}\,(a + b)$ $\quad = -(1/2)\sqrt{2}\,(a - b)$

$$x'^{\,2} - (1/2)\sqrt{2}\,(a + b)\,x' - y'^{\,2} - (1/2)\sqrt{2}\,(a - b)\,y' = 0$$
$$[x' - (1/4)\sqrt{2}\,(a + b)]^2 - [y' + (1/4)\sqrt{2}\,(a - b)]^2 = a\,b/2.$$

14. In den Schnittpunkten einer Geraden mit den Achsen sind die Lote auf den Achsen errichtet. Welche Kurve beschreibt der Schnittpunkt der Lote, wenn sich die Gerade um den festen Punkt $P\,(a, b)$ dreht?

Die Gleichung der Geraden durch P sei

$$y - b = m\,(x - a).$$

Alle Geraden durch P unterscheiden sich durch den Richtungsfaktor m der Gleichung. Die Schnittpunkte aller Geraden mit den Achsen liefern die Koordinaten aller Punkte S, die auf der zu bestimmenden Kurve liegen. Die Koordinaten von S seien ξ und η. Für die durch die Drehung entstehenden Achsenabschnitte OA und OB erhält man leicht einen allgemeinen Ausdruck, wenn man abwechselnd $x = 0$ und $y = 0$ in der Gleichung der

Abb. 106.

Geraden setzt. (Für x und y kann man nach der Erklärung ξ und η setzen.)

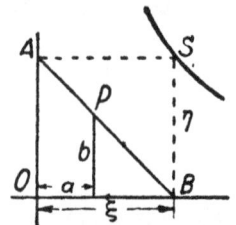

1. Schnitt mit der x-Achse: Für $y = 0$ ist $-b = m\,(\xi - a)$.

2. Schnitt mit der y-Achse: Für $x = 0$ ist $\eta - b = -ma$.

Eliminiert man m, so ist $\xi\eta - b\xi - a\eta = 0$ (Hyperbel, um 45^0 gedreht).

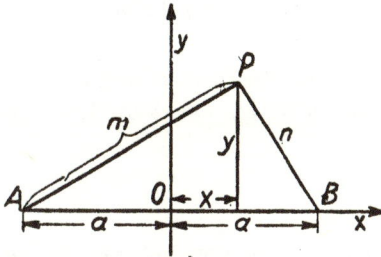

Abb. 107.

15. Wählt man die Verbindungslinie zweier gegebener Punkte A und B als x-Achse und das Mittellot auf AB als y-Achse, so erhält man vier Ortsaufgaben des Punktes P, wenn man folgende Bedingungen stellt:

Es soll sein:

$$\left.\begin{array}{l} 1.\ AP + BP = m + n \\ 2.\ AP - BP = m - n \\ 3.\ AP \cdot BP = m \cdot n \\ 4.\ AP : BP = m : n \end{array}\right\} = \text{konstant.}$$

Aufgabe 1. und 2. stellen eine Ellipse bzw. Hyperbel dar, denn sie sind, wie bereits definiert, der geometrische Ort aller Punkte, deren Summe bzw. Differenz der Entfernung von zwei gegebenen Punkten konstant ist. Zu bemerkenswerten Ergebnissen führen die Bedingungen 3. und 4., die im folgenden behandelt werden sollen.

3. Die Cassinische Kurve und die Lemniskate (Aufgabe 16)

16. Suche den geometrischen Ort aller Punkte, deren Produkt der Entfernung von zwei gegebenen Punkten A und B konstant $= b^2$ ist.

Wählt man das Achsensystem in der bereits angegebenen Weise, so erhält man

$$AP = m = \sqrt{(a+x)^2 + y^2}$$
$$BP = n = \sqrt{(a-x)^2 + y^2}$$
$$m \cdot n = \left(\sqrt{(a+x)^2 + y^2}\right) \cdot \left(\sqrt{(a-x)^2 + y^2}\right) = b^2$$
$$\left[(a+x)^2 + y^2\right] \cdot \left[(a-x)^2 + y^2\right] = b^4$$
$$(a+x) = u$$
$$(a-x) = v$$
$$(u^2 + y^2)(v^2 + y^2) = b^4$$
$$u^2 v^2 + v^2 y^2 + u^2 y^2 + y^4 = b^4$$
$$y^4 + (u^2 + v^2) y^2 = b^4 - u^2 v^2.$$

Setzt man $y^2 = z$, so erhält man eine quadratische Gleichung für z

$$z^2 + (u^2 + v^2) z = b^4 - u^2 v^2.$$

Nun ist $\quad u^2 + v^2 = (a+x)^2 + (a-x)^2 = 2x^2 + 2a^2$

und $\qquad u^2 \cdot v^2 = (a+x)^2 \cdot (a-x)^2 = x^4 - 2a^2 x^2 + a^4.$

Setzt man diese Werte in die Gleichung für z ein, so erhält man

$$z = -(x^2 + a^2) \pm \sqrt{x^4 + 2a^2 x^2 + a^4 + b^4 - x^4 + 2a^2 x^2 - a^4}$$
$$= -(x^2 + a^2) \pm \sqrt{b^4 + 4a^2 x^2} \quad \text{und somit}$$

1. $\qquad y = \pm\sqrt{-(x^2 + a^2) \pm \sqrt{b^4 + 4a^2 x^2}}.$

Auf eine andere Form der Gleichung kommt man nach Quadrieren vorstehender Gleichung:

2.
$$y^2 = -x^2 - a^2 \pm \sqrt{b^4 + 4a^2x^2}$$
$$(x^2 + y^2 + a^2)^2 = b^4 + 4a^2x^2$$
$$x^4 + y^4 + a^4 + 2x^2y^2 + 2a^2x^2 + 2a^2y^2 = b^4 + 4a^2x^2$$

3.
$$(x^2 + y^2)^2 - 2a^2(x^2 - y^2) = b^4 - a^4.$$

Die Kurve ist vom vierten Grade und liegt symmetrisch zur x- und y-Achse. Um ihre Gestalt näher kennenzulernen, ist es nötig, das Verhältnis der beiden Konstanten a und b festzusetzen.

Drei Hauptfälle:

1. $b > a$;   2. $b = a$;   3. $b < a$.

Wählt man, um die Schnittpunkte der Kurve mit der y-Achse zu bestimmen, $x = 0$ in

$$y^2 = -x^2 - a^2 \pm \sqrt{b^4 + 4a^2x^2},$$

der obigen Gleichung 2, so folgt das zugehörige y aus der Gleichung

$$y^2 = -a^2 + b^2;\ \ y_1 = +\sqrt{b^2 - a^2}\ ;\ \ y_2 = -\sqrt{b^2 - a^2}.$$

Wenn $b > a$ ist, erhält man zwei reelle Werte für y,

wenn $b = a$ ist, dann werden y_1 und y_2 zu 0,

wenn $b < a$ ist, dann werden beide Werte imaginär (s. Abb. 108).

Aus 3. erhält man leicht die Schnittpunkte der Kurve mit der x-Achse, wenn man $y = 0$ setzt. Dann ist

$$x^4 - 2a^2x^2 = b^4 - a^4$$
$$x^2 = a^2 \pm \sqrt{a^4 + b^4 - a^4}$$
$$x = \pm \sqrt{a^2 \pm b^2}.$$

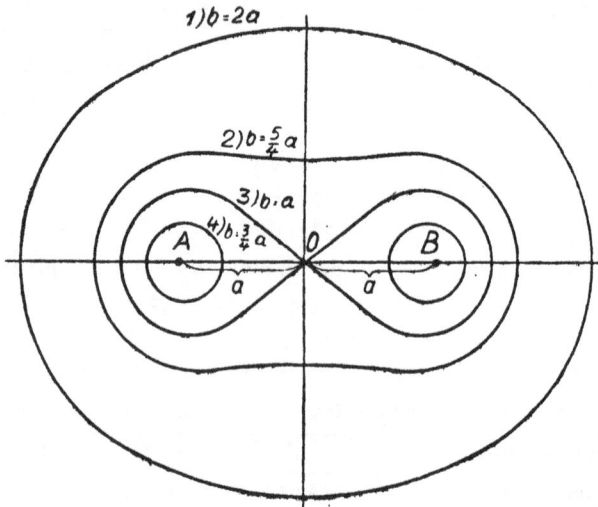

Abb. 108.

Man erhält also vier Werte für x, die von dem Verhältnis der Konstanten a und b abhängig sind. Ist

1. $b > a$, dann erhält man nur zwei reelle Werte (zwei sind imaginär).
2. $b = a$, dann erhält man vier reelle Werte (zwei fallen im 0-Punkt zusammen).
3. $b < a$, dann erhält man vier reelle Werte.

In Abb. 108 sind vier verschiedene Formen der Kurve gezeichnet. Zur Bestimmung der Achsenschnittpunkte der Kurven dient nachfolgende Tabelle:

$b =$	$y = \pm \sqrt{b^2 - a^2}$	$x = \pm \sqrt{a^2 \pm b^2}$
1. $2a$	$\pm \sqrt{4a^2 - a^2} = \pm a\sqrt{3}$	$\pm \sqrt{a^2 + 4a^2} = \pm a\sqrt{5}$
2. $\dfrac{5}{4}a$	$\pm \sqrt{\dfrac{25}{16}a^2 - a^2} = \pm \dfrac{3}{4}a$	$\pm \sqrt{a^2 + \dfrac{25}{16}a^2} = \pm \dfrac{a}{4}\sqrt{41}$
3. a	$\pm \sqrt{a^2 - a^2} = 0$	$\pm \sqrt{a^2 + a^2} = \pm a\sqrt{2}$ und $\pm \sqrt{a^2 - a^2} = 0$
4. $\dfrac{3}{4}a$	$\pm \sqrt{\dfrac{9}{16}a^2 - a^2} =$ $\left(= \pm i\,\dfrac{a}{4}\sqrt{7}\right).$	$\pm \sqrt{a^2 + \dfrac{9}{16}a^2} = \pm \dfrac{5}{4}a$ und $\pm \sqrt{a^2 - \dfrac{9}{16}a^2} = \pm \dfrac{a}{4}\sqrt{7}.$

Die Kurve 3. führt den Namen **Lemniskate** (v. Griech. λημνίσκος Binde, Kranzschleife). Die Gesamtbezeichnung **Cassinische Kurve** rührt von dem Astronomen Cassini her (1625 bis 1712), der in den Formen mit $b > 2a$ die Gestalt der Planetenbahnen vermutete.

4. Der Kreis des Apollonius (Aufgabe 17)

17. Bestimme den geometrischen Ort aller Punkte, deren Entfernungen von zwei gegebenen Punkten A und B einen gegebenen Quotienten m/n haben. Wählt man das Achsenkreuz entsprechend wie in Aufgabe 16, so erhält man als Bedingung:

$$\sqrt{(x+a)^2 + y^2} : \sqrt{(x-a)^2 + y^2} = m : n$$

$$n^2[x^2 + 2ax + a^2 + y^2] = m^2[x^2 - 2ax + a^2 + y^2]$$

$$n^2 x^2 + 2an^2 x + a^2 n^2 + n^2 y^2 = m^2 x^2 - 2am^2 x + a^2 m^2 + m^2 y^2$$

$$(m^2 - n^2)x^2 - 2a(m^2 + n^2)x + (m^2 - n^2)y^2 + (m^2 - n^2)a^2 = 0$$

$$x^2 - \frac{2a(m^2 + n^2)}{(m^2 - n^2)} \cdot x + \left[\frac{a(m^2 + n^2)}{m^2 - n^2}\right]^2 + y^2 =$$

$$= -\frac{a^2(m^2 - n^2)^2}{(m^2 - n^2)^2} + \frac{a^2(m^2 + n^2)^2}{(m^2 - n^2)^2}$$

$$\left[x-\frac{m^2+n^2}{m^2-n^2}\cdot a\right]^2+y^2=\frac{4\,m^2\,n^2}{(m^2-n^2)^2}\cdot a^2.$$

Der geometrische Ort ist also ein Kreis, dessen Mittelpunkt die Koordinaten

$$\frac{m^2+n^2}{m^2-n^2}\cdot a,\ 0$$

hat. Der Radius ist

$$r=\frac{2\,m\,n}{m^2-n^2}\cdot a.$$

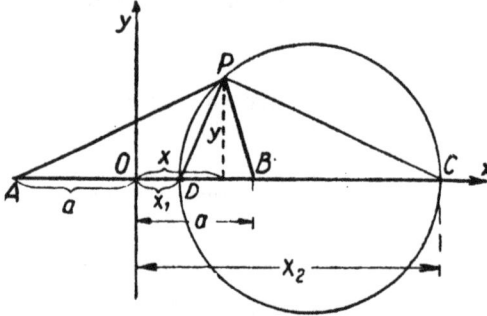

1. Für $x=0$ wird, wie aus der auf Null gebrachten Hauptgleichung leicht ersichtlich, y imaginär. Der Kreis schneidet also die y-Achse nirgends.

Abb. 109.

2. Für $y=0$ erhält man zwei Werte x aus der Hauptgleichung, in der das Glied y^2 fehlt, so daß ohne Umformung die Wurzel gezogen werden kann:

$$x_s=\frac{a\,(m^2+n^2)}{m^2-n^2}\pm\frac{2\,a\,m\,n}{m^2-n^2}=\frac{a\,(m^2\pm 2\,m\,n+n^2)}{m^2-n^2}$$

$$x_{s1}=\frac{m-n}{m+n}\cdot a \qquad\text{(Abszisse des Punktes } D),$$

$$x_{s2}=\frac{m+n}{m-n}\cdot a \qquad\text{(Abszisse des Punktes } C).$$

Eine bemerkenswerte Eigenschaft dieses Kreises ist die, daß seine Schnittpunkte D und C mit der Abszissenachse die gegebene Strecke AB innen und außen (harmonisch) in demselben Verhältnis, nämlich wie $m:n$ teilen. Der Beweis ist leicht zu führen:

Es ist
$$AD=a+\frac{m-n}{m+n}\cdot a=a\left(1+\frac{m-n}{m+n}\right)=\frac{2\,a\,m}{m+n}$$

$$DB=a-\frac{m-n}{m+n}\cdot a=a\left(1-\frac{m-n}{m+n}\right)=\frac{2\,a\,n}{m+n}$$

$$AD:DB=\frac{2\,a\,m}{m+n}:\frac{2\,a\,n}{m+n}=m:n.$$

In gleicher Weise erhält man $AC:BC=m:n$.

Als Ergebnis erhält man somit die Proportion
$$AD:DB=AC:BC=AP:PB=m:n.$$

Sie stellt den aus der Planimetrie bekannten Satz über den Kreis des Apollonius (um 200 v. Chr.) dar. Für ihn gilt folgende Definition: Teilt man eine gegebene Strecke AB innen und außen in demselben Verhältnis, so ist der über den zugeordneten Punkten C und D beschriebene Kreis der geometrische Ort aller Punkte, deren Entfernungen von den Punkten A und B das konstante Verhältnis $m:n$ haben.

Verbindet man P mit D und C, so muß
PD Winkelhalbierungslinie des Winkels APB
(PC Winkelhalbierungslinie des Nebenwinkels)
sein, denn nach einem Satz aus der Dreiecks-
lehre teilt die Winkelhalbierungslinie die
gegenüberliegende Seite in Abschnitte, die
sich wie die den Winkel einschließenden Seiten
verhalten. Mit Hilfe dieser Beziehung ist nun
folgende Ortsaufgabe leicht zu lösen:

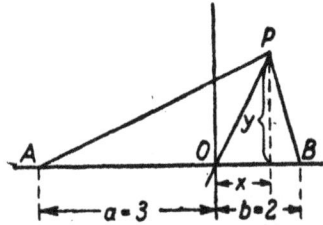

Abb. 110.

18. Gesucht ist der geometrische Ort des Punktes, von dem zwei gegebene
Strecken $a = 3$, $b = 2$ unter gleichen Winkeln erscheinen (s. Abb. 110).
Bedingung: $\sphericalangle APO = \sphericalangle OPB$.
Dann muß sein:

$$AP : BP = 3 : 2$$
$$\sqrt{(3+x)^2 + y^2} : \sqrt{(2-x)^2 + y^2} = 3 : 2.$$

Ergebnis:
$$(x-6)^2 + y^2 = 36.$$

5. Die Potenzlinie zweier Kreise (Aufgabe 19)

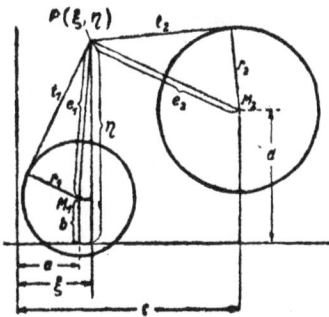

Abb. 111.

19. Gegeben sind zwei Kreise K_1 und K_2.
Bestimme den geometrischen Ort der
Punkte, von denen aus die Tangenten-
abschnitte an beide Kreise gleich lang sind!

Die beiden Kreise sind durch ihre Gleichungen gegeben:

$$1.\ (x-a)^2 + (y-b)^2 - r_1^2 = 0$$
$$2.\ (x-c)^2 + (y-d)^2 - r_2^2 = 0.$$

Ist $P(\xi, \eta)$ der gesuchte Punkt, von dem
aus gleichlange Tangentenabschnitte an
die beiden Kreise gelegt werden können, so erhält man, wie geometrisch
leicht abzuleiten ist:

1. $t_1^2 = e_1^2 - r_1^2 = (\xi - a)^2 + (\eta - b)^2 - r_1^2$
2. $t_2^2 = e_2^2 - r_2^2 = (\xi - c)^2 + (\eta - d)^2 - r_2^2$.

Man erhält also durch Subtraktion:

$$2\xi(a-c) + 2\eta(b-d) + a^2 + b^2 - r_1^2 - (c^2 + d^2 - r_2^2) = 0$$
$$2\xi(a-c) + 2\eta(b-d) + t_{01}^2 - t_{02}^2 = 0$$

d. h. die Gleichung einer Geraden; $t_{01} = \sqrt{a^2 + b^2 - r_1^2}$ und $t_{02} = \sqrt{c^2 + d^2 - r_2^2}$
sind darin die Tangentenabschnitte vom 0-Punkt aus an die beiden Kreise.
Anmerkung: Setzt man die Koordinaten eines Punktes ξ und η in
der allgemeinen Kreisgleichung $(x-a)^2 + (y-b)^2 - r^2 = 0$, so stellt der
entstehende algebraische Ausdruck das Quadrat über den Tangentenabschnitt dar. („Potenz" dieses Punktes in bezug auf den Kreis.)

Die allgemeine Gleichung zweiten Grades

1. Die Form der allgemeinen Gleichung zweiten Grades

Aus den bisherigen Betrachtungen der verschiedenen Kurven ergab sich, daß eine Gleichung von der Form

$$a x^2 + b y^2 + c x + d y + e = 0$$

einen Kegelschnitt darstellt, dessen Achsen den Koordinatenachsen parallel sind. Transformiert man diesen Kegelschnitt auf ein neues System x' y', so erhält man nachstehende Gleichung zwischen x' und y':

	oder nach Ausquadrieren der ersten beiden Glieder:
$a (x' \cos\varphi - y' \sin\varphi)^2 +$	$a (x'^2 \cos^2\varphi - 2 x' y' \sin\varphi \cos\varphi + y'^2 \sin^2\varphi) +$
$+ b (x' \sin\varphi + y' \cos\varphi)^2 +$	$+ b (x'^2 \sin^2\varphi + 2 x' y' \sin\varphi \cos\varphi + y'^2 \cos^2\varphi) +$
$+ c (x' \cos\varphi - y' \sin\varphi) +$	$+ c (x' \cos\varphi - y' \sin\varphi) +$
$+ d (x' \sin\varphi + y' \cos\varphi) +$	$+ d (x' \sin\varphi + y' \cos\varphi) +$
$+ e = 0$	$+ e = 0.$

Hieraus erhält man nach Ausmultiplizieren und Zusammenfassen

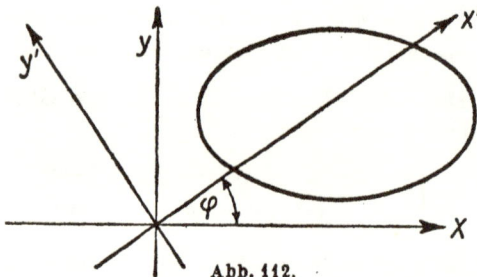

Abb. 112.

$$
\begin{aligned}
&(a \cos^2\varphi + b \sin^2\varphi) \cdot x'^2 + \\
&+ 2 \sin\varphi \cos\varphi (b-a) \cdot x' y' + \\
&+ (a \sin^2\varphi + b \cos^2\varphi) \cdot y'^2 + \\
&+ (c \cos\varphi + d \sin\varphi) \cdot x' + \\
&+ (d \cos\varphi - c \sin\varphi) y' + e = 0.
\end{aligned}
$$

Diese Gleichung kann, wenn man die Koeffizienten von x'^2, $x' \cdot y'$ usw. durch $A, 2B \ldots$ ersetzt, auf diese Form gebracht werden:

$$A x'^2 + 2 B x' y' + C y'^2 + 2 D x' + 2 E y' + F = 0.$$

Die neuen Koeffizienten $A, 2B \ldots$ sind leicht zu ermittelnde Funktionen von den alten $a, b, c \ldots$ und von φ. Neu ist hierbei, wie bereits bei der Transformation der Parabel festgestellt wurde, das Vorkommen des Produktes $x' \cdot y'$. Das Erscheinen dieses Gliedes ist offenbar charakteristisch dafür, daß die Achsen der Kegelschnitte den Koordinatenachsen nicht mehr parallel sind. Die Faktoren 2 vor B, D und E haben lediglich den Sinn, eine spätere Vereinfachung vorzubereiten.

2. Transformation der allgemeinen Gleichung zweiten Grades

Ist nun umgekehrt eine Gleichung von der Form

$$A x^2 + 2 B x y + C y^2 + 2 D x + 2 E y + F = 0$$

(die allgemeine Form der quadratischen Funktion mit 2 Variablen)
gegeben, so deutet das Vorkommen
des Gliedes xy darauf hin, daß
die Achsen des die Gleichung dar-
stellenden Kegelschnittes den Koordinatenachsen im xy-System nicht
parallel laufen (s. Abb. 113).
Dreht man nun die Achsen um
einen noch unbekannten Winkel φ
so weit, bis sie den Achsen des Kegelschnitts parallel laufen, so erhält

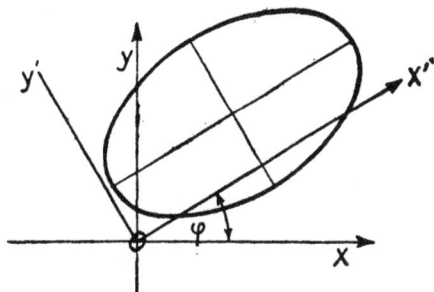

Abb. 113.

man unter Anwendung der Transformationsformeln eine Gleichung derselben
Art im $x'y'$-System, aber mit neuen, von φ abhängigen Koeffizienten. Sie
lautet allgemein:

$$A' x'^2 + 2 B' x' y' + C' y'^2 + 2 D' x' + 2 E' y' + F' = 0.$$

Jetzt ist φ nachträglich nur so zu wählen, daß $2 B' = 0$ wird. Dann
verschwindet das Glied $x'y'$ und man erhält eine Gleichung, welche in bezug
auf das neue System die Form

$$A' x'^2 + C' y'^2 + D' x' + E' y' + F' = 0$$

annimmt.

Ausführung:

Die gegebene Gleichung

$$A x^2 + 2 B x y + C y^2 + 2 D x + 2 E y + F = 0$$

geht durch Einführung der Transformationsformeln über in:

$A (x' \cos \varphi - y' \sin \varphi)^2 + 2 B (x' \cos \varphi - y' \sin \varphi) (x' \sin \varphi + y' \cos \varphi) +$
$+ C (x' \sin \varphi + y' \cos \varphi)^2 + 2 D (x' \cos \varphi - y' \sin \varphi) +$
$+ 2 E (x' \sin \varphi + y' \cos \varphi) + F = 0.$

Nach Ausmultiplizieren erhält man:

$A (x'^2 \cos^2\varphi - 2 x'y' \sin \varphi \cos \varphi + y'^2 \sin^2\varphi) +$
$+ 2 B (x'^2 \sin \varphi \cos \varphi - x'y' \sin^2\varphi + x'y' \cos^2\varphi - y'^2 \sin \varphi \cos \varphi) +$
$+ C (x'^2 \sin^2\varphi + 2 x'y' \sin \varphi \cos \varphi + y'^2 \cdot \cos^2\varphi) +$
$+ 2 D (x' \cos \varphi - y' \sin \varphi) +$
$+ 2 E (x' \sin \varphi + y' \cos \varphi) + F = 0.$

Durch Zusammenfassen der entsprechenden quadratischen und linearen
Glieder erhält man nachstehende Gleichung:

$(A \cos^2\varphi + 2 B \sin \varphi \cos \varphi + C \sin^2\varphi)\, x'^2 +$
$+ (- 2 A \sin \varphi \cos \varphi + 2 C \sin \varphi \cos \varphi + 2 B \cos^2\varphi - 2 B \sin^2\varphi)\, x'y' +$
$+ (A \sin^2\varphi - 2 B \sin \varphi \cos \varphi + C \cos^2\varphi)\, y'^2 +$
$+ (2 D \cos \varphi + 2 E \sin \varphi)\, x' +$
$+ (- 2 D \sin \varphi + 2 E \cos \varphi)\, y' + F = 0.$

In dieser Gleichung hat das Glied mit $x'y'$ den Koeffizienten

$$(- 2 A \sin \varphi \cos \varphi + 2 C \sin \varphi \cos \varphi + 2 B \cos^2\varphi - 2 B \sin^2\varphi),$$

für den man nach Vereinfachung erhält:

$$(- A \sin 2\varphi + C \sin 2\varphi + 2 B \cos 2\varphi).$$

Dieser Koeffizient müßte Null sein, damit man eine Gleichung ohne das Glied mit $x' y'$ erhält. Dieses Ziel kann man aber nur erreichen, wenn man den Winkel φ so wählt, daß $- (A - C) \cdot \sin 2\varphi + 2 B \cos 2\varphi = 0$ ist, oder:

$$(A - C) \sin 2\varphi = 2 B \cos 2\varphi$$

$$\frac{\sin 2\varphi}{\cos 2\varphi} = \operatorname{tg} 2\varphi = \frac{2 B}{A - C}.$$

Durch diese Gleichung ist der Winkel φ bestimmt, mit dessen Hilfe man die Transformation ausführen kann. Dann wird $2 B' = 0$ und die neue Gleichung erhält im $x' y'$-System die Form

$$A' x'^2 + C' y'^2 + D' x' + E' y' + F' = 0.$$

Die neuen Veränderlichen haben in A', C', D' und E' andere Koeffizienten erhalten, die, wie aus früheren Ausführungen ersichtlich, sämtlich Funktionen von φ sind. Das konstante Glied F ändert sich bei der Drehung des Achsensystems nicht. Schon hier sei darauf aufmerksam gemacht, daß bei der auf die Drehung folgenden Verschiebung eine Werteveränderung von F eintritt.

Bestimmung von A' und C', der Koeffizienten von x'^2 und y'^2.

Es ist $A' = A \cos^2 \varphi + 2 B \sin \varphi \cdot \cos \varphi + C \sin^2 \varphi$.

Da $\cos 2\varphi = \cos^2 \varphi - \sin^2 \varphi = 2 \cos^2 \varphi - 1 = 1 - 2 \sin^2 \varphi$ ist, so erhält man

$$\cos^2 \varphi = \frac{1 + \cos 2\varphi}{2}; \quad \sin^2 \varphi = \frac{1 - \cos 2\varphi}{2}.$$

Setzt man diese Werte oben ein, so ist

$$A' = A \frac{1 + \cos 2\varphi}{2} + C \frac{1 - \cos 2\varphi}{2} + \frac{2 B \sin 2\varphi}{2}$$

$$= \frac{A + C}{2} + \frac{A - C}{2} \cos 2\varphi + \frac{2 B \sin 2\varphi}{2}.$$

In vorstehender Gleichung treten $\cos 2\varphi$ und $\sin 2\varphi$ auf. Diese Ausdrücke lassen sich leicht mit Hilfe trigonometrischer Beziehungen so umformen, daß sie nur die Größen A, B und C enthalten. Es ist:

$$\sin^2 2\varphi + \cos^2 2\varphi = 1. \quad \text{Division durch } \cos^2 2\varphi \text{ ergibt:}$$

$$\operatorname{tg}^2 2\varphi + 1 = 1/\cos^2 2\varphi,$$

oder $\cos^2 2\varphi = 1/(1 + \operatorname{tg}^2 2\varphi)$. Da nun aber $\operatorname{tg} 2\varphi = 2 B/(A - C)$ ist, so erhält man

$$\cos^2 2\varphi = \frac{1}{1 + [4 B^2/(A - C)^2]} = \frac{(A - C)^2}{(A - C)^2 + 4 B^2}$$

$$\cos 2\varphi = \pm \frac{A - C}{\sqrt{(A - C)^2 + 4 B^2}}.$$

Eines der beiden Vorzeichen ist wählbar, muß dann aber für alle aus dem zugehörigen $\cos 2\,\varphi$ berechneten Größen beibehalten werden; diese Größen gehören also ein und derselben Lösung an. Über $\operatorname{tg} 2\,\varphi = 2\,B/(A-C)$ erhält man $\sin 2\,\varphi = (\cos 2\,\varphi)\, 2\,B/(A-C)$, also:

$$\cos 2\,\varphi' = \frac{A-C}{\sqrt{(A-C)^2+4\,B^2}}, \text{ dazu } \sin 2\,\varphi' = \frac{2\,B}{\sqrt{(A-C)^2+4\,B^2}}$$

und $\cos 2\,\varphi'' = -\cos 2\,\varphi'$, dazu $\sin 2\,\varphi'' = -\sin 2\,\varphi'$.

Setzt man die Werte für $\sin 2\,\varphi'$ und $\cos 2\,\varphi'$ in die Gleichung für A' ein, so ist

$$A' = \frac{A+C}{2} + \frac{A-C}{2} \cdot \frac{A-C}{\sqrt{(A-C)^2+4\,B^2}} + \frac{1}{2} \cdot \frac{4\,B^2}{\sqrt{(A-C)^2+4\,B^2}}$$

$$= \frac{A+C}{2} + \frac{(A-C)^2+4\,B^2}{2\sqrt{(A-C)^2+4\,B^2}} \text{ also:}$$

$$A' = \frac{A+C}{2} + \frac{1}{2}\sqrt{(A-C)^2+4\,B^2} \text{ und } C' = \frac{A+C}{2} - \frac{1}{2}\sqrt{(A-C)^2+4\,B^2},$$

und die zweite Lösung:

$$A'' = C', \text{ dazu } C'' = A'.$$

Die symmetrische Form der Ergebnisse vorstehender Gleichungen erinnert an die Wurzelwerte $-(a/2) \pm \sqrt{(a^2/4)-b}$ der quadratischen Gleichung

$$x^2 + a\,x + b = 0.$$

Man erhielt $x_1 + x_2 = -a$ und $x_1 \cdot x_2 = b$. Bei entsprechender Rechnung erhält man folgende, für die weitere Lösung wertvolle Beziehungen zwischen A' und C':

Es ist nach Addition bzw. Multiplikation der Gleichungen:

$$\text{1. } A' + C' = A + C, \quad \text{2. } A' \cdot C' = A\,C - B^2.$$

Die Summe der neu zu errechnenden Koeffizienten ist gleich der Summe der ursprünglichen, das Produkt gleich der Differenz aus $A \cdot C$ und B^2. Zwischen den Koeffizienten A' und C' und den ursprünglichen A, B und C bestehen also einfache Beziehungen.

Aus 2. folgt, daß

1. A' und C' positiv sind, wenn $A\,C > B^2$ ist (Ellipse).
2. A' positiv und C' negativ sind, wenn $A\,C < B^2$ ist (Hyperbel).
3. A' oder $C' = 0$ ist, wenn $A\,C = B^2$ ist (Parabel).

Berechnung von D' und E', der Koeffizienten von x' und y'.

Die $\cos 2\,\varphi$ sind als Funktionen von A, B und C bereits berechnet. Aus $\cos 2\,\varphi = 2\cos^2 \varphi - 1$ folgt weiter:

$$\cos \varphi = \pm \sqrt{\frac{1+\cos 2\,\varphi}{2}}; \quad \sin \varphi = \frac{\sin 2\,\varphi}{2\cos \varphi}$$

(Vorzeichen beachten!) damit sind endlich D' und E' bestimmt:

$$D' = 2\,D \cdot \cos \varphi + 2\,E \cdot \sin \varphi; \quad E' = 2\,E \cdot \cos \varphi - 2\,D \cdot \sin \varphi.$$

3. Aufgaben

Durch Drehung und Verschiebung des Achsensystems soll untersucht werden, welche Kurven die folgenden Gleichungen darstellen:

1. $50\,x\,y - 9 = 0$.

Es ist $\operatorname{tg} 2\varphi = 50/0 \to \infty$; $\quad 2\varphi = 90^0 + n \cdot 180^0$; $\quad \varphi_1 = 45^0$; $\quad \varphi_2 = 135^0$; $\varphi_3 = 225^0$ und $\varphi_4 = 315^0$; gewählt: φ_1, dann:

$$\sin\varphi_1 = (1/2)\,\sqrt{2}\;;\quad \cos\varphi_1 = (1/2)\,\sqrt{2}\,.$$
$$x = x'\cos\varphi - y'\sin\varphi = (1/2)\,\sqrt{2}\,(x' - y')$$
$$y = x'\sin\varphi + y'\cos\varphi = (1/2)\,\sqrt{2}\,(x' + y')$$
$$50\,[(1/2)\,\sqrt{2}\,(x' - y')\cdot(1/2)\,\sqrt{2}\,(x' + y')] - 9 = 0$$
$$50\cdot(1/2)\,(x'^2 - y'^2) - 9 = 0$$
$$25\,x'^2 - 25\,y'^2 = 9$$
$$x'^2/(9/25) - y'^2/(9/25) = 1$$

das ist eine gleichseitige Hyperbel (s. Abb. 114).

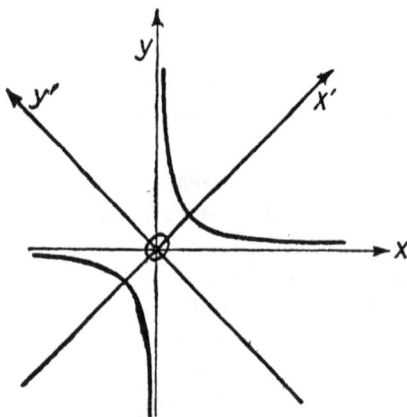

Abb. 114.

2. $\overset{A}{17}x^2 + \overset{2B}{16}\,x\,y + \overset{C}{17}\,y^2 - 49 = 0$.

Es ist $\operatorname{tg} 2\varphi = \dfrac{2B}{A - C} = \dfrac{16}{0} \to \infty$

$$2\varphi = 90^0 + n\cdot 180^0;$$
$$\varphi_1 = 45^0;$$
$$\varphi_2 = 135^0;$$
$$\varphi_3 = 225^0 \text{ und}$$
$$\varphi_4 = 315^0$$
$$A' = (1/2)\big(A + C + \sqrt{(A - C)^2 + 4\,B^2}\big)$$
$$= (1/2)\,(34 + \sqrt{0 + 4\cdot 64})$$
$$A' = (1/2)\,(34 + 16) = 17 + 8 = 25$$
$$C' = 34 - 25 = 9 \text{ (denn es ist } A + C = A' + C').$$

Demnach wird Lösung 1:

$$25\,x'^2 + 9\,y'^2 = 49.$$

Durch Vertauschen der Werte für A' und C' gegeneinander erhält man sofort Lösung 2:

$$9\,x''^2 + 25\,y''^2 = 49.$$

Wie man sich leicht überzeugt, gehört Lösung 1 außer zu φ_1 auch zu φ_3 mit $+\sqrt{(A - C)^2 + 4\,B^2}$ und Lösung 2 zu φ_2 und φ_4 mit $-\sqrt{(A - C)^2 + 4\,B^2}$.

2 a. $\overset{A}{17}\,x^2 - \overset{2B}{16}\,x\,y + \overset{C}{17}\,y^2 - 49 = 0$.

Es ist $\operatorname{tg} 2\varphi \to \infty$; $2\varphi = 90^0 + n\cdot 180^0$; $\varphi = 45^0 + n\cdot 90^0$.

Die nunmehr gestellte Aufgabe unterscheidet sich von der vorhergehenden nur durch das Vorzeichen von $2B$. Um zu sehen, welchen Einfluß das

Vorzeichen auf die Koeffizienten A' bzw. C' und damit auf die gesuchte Gleichung hat, braucht man nur die Bestimmungsgleichungen zu beachten. Die Werte für A', A'', C', C'' und $\cos \varphi$ hängen von dem Vorzeichen von $2B$ nicht ab, weil $2B$ in ihnen nur quadratisch vorkommt; diese Werte stimmen also mit denen in Aufgabe 2 überein. Lediglich das Vorzeichen von $\sin \varphi$ ändert sich mit dem von $2B$. Als Drehwinkel ergeben sich demnach:

$$\varphi_1 = -45^0 = 315^0; \quad \varphi_2 = -135^0 = 225^0; \quad \varphi_3 = -225^0 = 135^0;$$
$$\varphi_4 = -315^0 = 45^0$$

und zu der Gleichung

$$25\, x'^2 + 9\, y'^2 = 49$$

gehören die Winkel $\varphi_1 = 315^0$ und $\varphi_3 = 135^0$, und zu der zweiten Gleichung

$$9\, x''^2 + 25\, y''^2 = 49$$

die Winkel $\varphi_2 = 225^0$ und $\varphi_4 = 45^0$.

Der Vergleich dieser Lösungen mit denen der Aufgabe 2 zeigt: Die gegebene Gleichung 2a stellt eine Ellipse dar, die man aus der der Aufgabe 2 durch Drehen um 90^0 hervorgegangen denken kann. An die Stelle der 45^0 in Aufgabe 2 sind -45^0 oder 135^0 in Aufgabe 2a getreten. Statt um 90^0 läßt sich auch eine Drehung um $90^0 + n \cdot 180^0$ annehmen, wenn n eine ganze Zahl ist. Die möglichen Drehwinkel hängen im übrigen von dem jeweilig dargestellten geometrischen Gebilde ab; eine Parabel z. B. ließe sich durch Drehen um 180^0 nicht in sich selbst überführen. Es ist also hier besonders zu beachten: Zwei verschiedene Gleichungen können dasselbe geometrische Gebilde darstellen, und ein und dieselbe Gleichungsform zwei bezüglich ihrer Lage verschiedene geometrische Gebilde. Erst durch Angabe des gegenseitigen Drehwinkels, allgemein der gegenseitigen Lage der Koordinatensysteme läßt sich diese doppelte Mehrdeutigkeit beseitigen.

2 b. $\qquad\qquad\qquad 3\, x^2 - 24\, x y + 10\, y^2 = 0.$

Es ist $\qquad\qquad\qquad\qquad\qquad\text{tg}\, 2\varphi = 24/7;\ 2B$ ist negativ; es wird:

$$A' = (1/2)\left(13 + \sqrt{49 + 576}\right)$$
$$A' = (1/2)(13 + 25) = 19$$
$$C' = (1/2)(13 - 25) = -6$$
$$19\, x'^2 - 6\, y'^2 = 0;\quad 19\, x'^2 = 6\, y'^2$$
$$y' = \pm \left(\sqrt{114}/6\right)x'$$

$\cos 2\varphi'$ und $\sin 2\varphi'$ werden beide negativ, also

$$\varphi' = 126^0\, 52',$$

statt dessen auch die identische Lösung $\varphi_1' = -53^0\, 8'$.

$$y'' = \pm \left(\sqrt{114}/19\right)x'' \text{ und dazu } \varphi'' = 36^0\, 52'$$

(zwei Gerade durch den Nullpunkt).

8*

3. Welche Kurve stellt die Linsengleichung $1/x + 1/y = 1/f$ dar?
Nach leichter Umformung erhält man die Gleichung
$$x\,y - f\,x - f\,y = 0$$
$$\operatorname{tg} 2\varphi = 1/0 \longrightarrow \infty; \quad \varphi = 45^0; \quad \sin\varphi = (1/2)\sqrt{2}; \quad \cos\varphi = (1/2)\sqrt{2}$$
$$\frac{1}{2}\sqrt{2}\,(x' - y') \cdot \frac{1}{2}\sqrt{2}\,(x' + y') - f \cdot \frac{1}{2}\sqrt{2}\,(x' - y') - f\frac{1}{2}\sqrt{2}\,(x' + y') = 0$$
$$(1/2)\,(x'^2 - y'^2) - (f/2)\sqrt{2}\,(x' - y' + x' + y') = 0$$
$$x'^2 - y'^2 - 2f\sqrt{2}\,x' = 0$$
$$x'^2 - 2f\sqrt{2}\,x' + (f\sqrt{2})^2 - y'^2 = 2f^2$$
$$(x' - f\sqrt{2})^2 - y'^2 = 2\,f^2.$$

Die Gleichung stellt eine um 45^0 gedrehte gleichseitige Hyperbel dar, die in Richtung der x'-Achse um $f\sqrt{2}$ verschoben ist.

4 a.
$$\overset{A}{16\,x^2} + \overset{2\,B}{24\,x\,y} + \overset{C}{9\,y^2} + \overset{2\,D}{70\,x} - \overset{2\,E}{10\,y} - \overset{F}{125} = 0.$$

Es ist
$$\operatorname{tg} 2\varphi = 24/7 \qquad \varphi = 36^0\,52'.$$

Man erhält unter Anwendung der früher entwickelten Beziehungen:
$$\cos^2 2\varphi = 1/[1 + (576/49)] = 49/625; \quad \cos 2\varphi = 7/25.$$

Da $\cos 2\varphi = 2\cos^2\varphi - 1$, so ist:
$$\cos\varphi = \sqrt{(\cos 2\varphi + 1)/2} = \sqrt{[(7/25) + 1]/2} = 4/5$$
$$\sin\varphi = \sqrt{1 - \cos^2\varphi} = \sqrt{1 - 16/25} = 3/5; \text{ weiter wird:}$$
$$A' = (1/2)\left(25 + \sqrt{49 + 576}\right) = 25$$
$$C' = (1/2)\,(25 - 25) = 0$$
$$D' = 2\,D\cos\varphi + 2\,E\sin\varphi = 70 \cdot 4/5 - 10 \cdot 3/5 = 50$$
$$E' = 2\,E\cos\varphi - 2\,D\sin\varphi = -10 \cdot 4/5 - 70 \cdot 3/5 = -50.$$

Demnach lautet die Gleichung
$$25\,x'^2 + 50\,x' - 50\,y' - 125 = 0$$
$$x'^2 + 2\,x' - 2\,y' - 5 = 0.$$

Hieraus folgt nach Bilden der quadratischen Ergänzung
$$x'^2 + 2\,x' + 1 = 2\,y' + 6$$
$$(x' + 1)^2 = 2\,(y' + 3).$$

Die Gleichung stellt eine Parabel dar, deren Achse um den $\sphericalangle \varphi = 36^0\,52'$ gegen die y-Achse gedreht, und deren Scheitel um -1 und -3 im $x'\,y'$-System verschoben ist.

4 b.
$$\overset{A}{9\,x^2} - \overset{2\,B}{24\,x\,y} + \overset{C}{16\,y^2} - \overset{2\,D}{130\,x} + \overset{2\,E}{90\,y} + \overset{F}{175} = 0.$$

Wie unter 4a ergibt sich ein $\sphericalangle\,36^0\,52'$; hierzu: $A' = 0;\ C' = 25$;
$$D' = -130 \cdot 4/5 + 90 \cdot 3/5 = -50;$$
$$E' = 90 \cdot 4/5 + 130 \cdot 3/5 = 150.$$

Die Gleichung im $x'y'$-System lautet jetzt, nach Kürzen mit 25:

$$y'^2 - 2x + 6y + 7 = 0$$

oder

$$(y'+3)^2 = 2(x'+1).$$

Diese Gleichung stellt wie die in 4a eine Parabel mit Parameter 2 dar, deren Scheitel S wieder um -1 in der x'-Richtung und um -3 in der y'-Richtung verschoben ist, deren Achse nun aber gegen die x-Achse um den $\sphericalangle 36^0\,52'$ gedreht ist, wie Abb. 115 zeigt. Die Parabeln zu 4a und 4b lassen sich durch Drehen um 90^0 ineinander überführen.

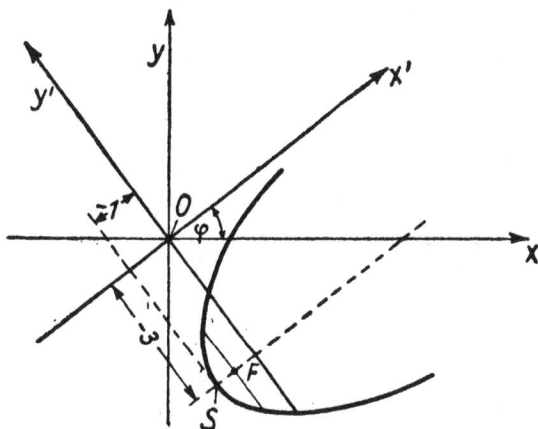

Abb. 115.

Diese Übereinstimmungen legen die Vermutung eines Zusammenhanges zwischen Form und den besonders wichtig erscheinenden Größen A, B und C nahe im Widerspruch zu dem Ergebnis unter 2a. Die Vermutung wird widerlegt durch 4c, mit denselben Werten A, B und C, wie 4b:

4c. $\qquad 9x^2 - 24xy + 16y^2 - 135x + (345/4)y + 675/4 = 0.$

Man findet:

$$(y'+3)^2 = (9/4)(x'+1)$$

also eine Parabel, die zwar Scheitellage und Achse mit der zu 4b gemeinsam hat, aber den **Parameter 9/4 statt 2.**

5. $\qquad 16x^2 + 24xy + 9y^2 - 40x - 30y - 75 = 0.$

Es ist $\operatorname{tg} 2\varphi = 24/7$; $\sin\varphi = 3/5$; $\cos\varphi = 4/5$;

$$A' = (1/2)\left(25 + \sqrt{49 + 576}\right) = (1/2)(25 + 25)$$
$$A' = 25; \quad C' = (1/2)(25 - 25); \quad C' = 0;$$
$$D' = 2D\cdot\cos\varphi + 2E\sin\varphi = -40\cdot 4/5 - 30\cdot 3/5 = -50;$$
$$E' = 2E\cos\varphi - 2D\sin\varphi = -30\cdot 4/5 + 40\cdot 3/5 = 0$$

$$25\,x'^2 - 50\,x' - 75 = 0$$
$$x'^2 - 2\,x' - 3 = 0$$
$$x_1' = 3;\ x_2' = -1\ \text{(zwei Parallele zur } y\text{-Achse).}$$

6. $$2\,x^2 + 24\,x\,y + 9\,y^2 - 12\,x - 16\,y + 50/9 = 0.$$

Es ist $\operatorname{tg} 2\varphi = -24/7$; $\cos^2 2\varphi = 49/625$; $\cos 2\varphi = \pm\,7/25$.

Hier liegt 2φ im zweiten oder vierten Quadranten, wie der negative Wert von $\operatorname{tg} 2\varphi$ zeigt. Wählt man die Lösung für den zweiten Quadranten, dann wird $\cos 2\varphi$ negativ und $\sin 2\varphi$ positiv.

Man erhält daher

$$\cos\varphi = \sqrt{(\cos 2\varphi + 1)/2} = \sqrt{(-7/25+1)/2} = 3/5$$
$$\sin\varphi = \sqrt{1 - \cos^2\varphi} = \sqrt{1 - 9/25} = 4/5\,.$$

Durch die Wahl des negativen Wertes für $\cos 2\varphi$ ist zugleich das Vorzeichen der Wurzel in A' als positiv mit festgelegt, also:

$$A' = (1/2)\left(A + C + \sqrt{(A - C)^2 + 4\,B^2}\right)$$
$$A' = (1/2)\,(11 + 25) = 18$$
$$C' = (1/2)\,(11 - 25) = -7$$
$$D' = -12 \cdot 3/5 - 16 \cdot 4/5 = -20$$
$$E' = -16 \cdot 3/5 + 12 \cdot 4/5 = 0$$
$$18\,x'^2 - 7\,y'^2 - 20\,x' + 50/9 = 0$$
$$18\,(x'^2 - 10/9\,x' + 25/81) - 7\,y'^2 = -50/9 + 50/9 = 0$$
$$18\,(x' - 5/9)^2 - 7\,y'^2 = 0$$
$$y' = \pm\,\sqrt{(18/7)} \cdot (x' - 5/9).$$

4. Diskussion der allgemeinen Gleichung zweiten Grades

A. Die Gleichung

$$A\,x^2 + 2\,B\,x\,y + C\,y^2 + 2\,D\,x + 2\,E\,y + F = 0$$

stellt eine Ellipse, Parabel oder Hyperbel dar, je nachdem $B^2 - AC \lesseqgtr 0$ ist. Diese nur die Hauptkegelschnitte umfassende Unterscheidung berücksichtigt aber nicht deren Entartungen. Es ist darum notwendig, nachstehende Ergänzungen hinzuzufügen:

Durch Drehung und Parallelverschiebung ist es unter gewissen Bedingungen möglich (s. Aufgaben 1 bis 6) die allgemeine Gleichung auf die Form

$$A'\,x'^2 + C'\,y'^2 = P^2$$

zu bringen. Die Bedingungen lauten: $A \neq 0$, wenn $2D \neq 0$, und $C \neq 0$, wenn $2E \neq 0$. Nimmt man in dieser Gleichung A' stets positiv, so erhält man je nach der Beschaffenheit der Vorzeichen von C' und P^2 verschiedene Ergebnisse:

1. C' ist positiv und
   a) P^2 negativ; dann hat die Gleichung keine reellen Lösungen (keine geometrische Bedeutung).

b) $P^2 = 0$; dann sind $y' = 0$ und $x' = 0$ die einzigen reellen Werte der Gleichung. (Neuer Koordinatenanfangspunkt.)

c) P^2 positiv; dann stellt die Gleichung eine Ellipse dar, ist $A' = C'$, dann einen Kreis.

2. C' ist negativ und

a) $P^2 = 0$, dann ist $y' = \pm \sqrt{A'/(-C')} \cdot x'$. Die Gleichung stellt zwei im Koordinatenanfangspunkt sich schneidende Gerade dar.

b) P^2 ist positiv oder negativ, dann erhält man in beiden Fällen die Gleichung einer Hyperbel.

Sind die genannten Bedingungen nicht erfüllt, dann ist es notwendig, auf die Form

$$A' x'^2 + C' y'^2 + 2 D' x' + 2 E' y' + F = 0$$

zurückzugreifen. Es kann sein

1. $A' = 0$; man erhält dann aus obiger Gleichung

$$C' y'^2 + 2 E' y' + 2 D' x' + F = 0$$

und hieraus nach Bilden der quadratischen Ergänzung bzw. Parallelverschiebung eine Parabel, deren Scheitel in Richtung der y'-Achse verschoben ist.

2. $A' = 0$; $D' = 0$. In diesem Falle ergibt die Gleichung

$$C' y'^2 + 2 E' y' + F = 0$$

für y' zwei Werte, stellt also zwei Parallele zur x'-Achse dar, die allerdings in bestimmten Fällen zu einer Geraden zusammenfallen oder imaginär werden können. (Vgl. Diskriminante der quadratischen Gleichung.)

3. Ist dagegen $C' = 0$, dann erhält man ähnlich wie unter 1. in

$$A' x'^2 + 2 D' x' + 2 E' y' + F = 0$$

die Gleichung einer Parabel, deren Scheitel in Richtung der x'-Achse verschoben ist.

4. $C' = 0$; $E' = 0$. Hier gilt unter Vertauschung der Achsen die bei 2. gegebene Erklärung.

B. Will man sofort aus der vorgelegten Gleichung

$$A x^2 + 2 B x y + C y^2 + 2 D x + 2 E y + F = 0$$

erkennen, ob das die Gleichung darstellende Gebilde reell, imaginär oder zerfallend ist, so löse man die Gleichung nach der einen Variablen (x oder y) auf. Wird der Radikand der auftretenden Quadratwurzel für einen bestimmten Bereich von x positiv, die Wurzel also reell, dann entspricht dem eine Kurve; ist der Radikand für alle Werte von x negativ, die Wurzel also imaginär, dann entspricht keine Kurve; ist der Radikand ein Quadrat, die Wurzel also allgemein ziehbar, dann entspricht eine in Gerade zerfallende Kurve.

Unter besonderer Berücksichtigung der zerfallenden Kegelschnitte sei das Lösungsverfahren näher erklärt:

1. Beispiel: $4x^2 - 4xy + y^2 + 12x - 6y - 16 = 0$

$$B^2 - AC = 4 - 4 = 0$$

(Parabel oder zwei Parallele.)

$$y^2 - 2(2x + 3)y + 4x^2 + 12x - 16 = 0$$
$$y = 2x + 3 \pm \sqrt{4x^2 + 12x + 9 - 4x^2 - 12x + 16}$$
$$y = 2x + 3 \pm 5.$$

Man erhält so die beiden Geraden

$$y - 2x - 8 = 0; \quad y - 2x + 2 = 0.$$

2. Beispiel: $2x^2 + 24xy + 9y^2 - 12x - 16y + 50/9 = 0$

$$B^2 - AC = 144 - 18 > 0$$

(Hyperbel oder zwei Gerade).

Löst man die Gleichung nach x auf, so ist:

$$x^2 + 12xy + (9/2)y^2 - 6x - 8y + 25/9 = 0$$
$$x^2 + 6x(2y - 1) + (9/2)y^2 - 8y + 25/9 = 0$$
$$x = -3(2y - 1) \pm \sqrt{9(2y - 1)^2 - (9/2)y^2 + 8y - 25/9}$$
$$= -3(2y - 1) \pm \sqrt{36y^2 - 36y + 9 - (9/2)y^2 + 8y - 25/9}$$
$$= -3(2y - 1) \pm \sqrt{(63/2)y^2 - 28y + 56/9}$$
$$= -3(2y - 1) \pm \sqrt{(y^2 - (8/9)y + 16/81)\,63/2}$$
$$= -3(2y - 1) \pm (y - 4/9) \cdot (3/2)\sqrt{14}$$
$$x_1 = -6y + 3 + (3/2)y\sqrt{14} - (2/3)\sqrt{14}$$
$$x_2 = -6y + 3 - (3/2)y\sqrt{14} + (2/3)\sqrt{14}.$$

Hieraus erhält man die Gleichung zweier Geraden in der Form

1. $x + (6 - (3/2)\sqrt{14}) \cdot y - 3(1 - (2/9)\sqrt{14}) = 0$

2. $x + (6 + (3/2)\sqrt{14}) \cdot y - 3(1 + (2/9)\sqrt{14}) = 0.$

Untersucht man obige Gleichung mit Hilfe der Drehung und Verschiebung des Achsensystems, so erhält man zunächst (vgl. Abschn. 3, Aufg. 6):

$$y' = \pm \sqrt{18/7}\,(x' - 5/9) \text{ also:}$$
$$\sqrt{14} \cdot y' = \pm 6(x' - 5/9)$$

1. $\sqrt{14} \cdot y' = +6x' - 10/3$ 2. $\sqrt{14} \cdot y' = -6x' + 10/3,$

oder als Gleichungen der Geraden im $x'y'$-System:

1. $21y' - 9\sqrt{14}\,x' + 5\sqrt{14} = 0$

2. $21y' + 9\sqrt{14}\,x' - 5\sqrt{14} = 0.$

Ähnliche Aufgaben:

1. $y^2 - xy + 6y - 2x^2 - 9x + 5 = 0.$

Ergebnis: 1. $y + x + 5 = 0$

2. $y - 2x + 1 = 0.$

2. $y^2 - 8xy + 32y + 64x - 320 = 0.$

Ergebnis: $\qquad$ 1. $y - 8x + 40 = 0$

$\qquad$ 2. $\qquad y - 8 = 0.$

3. $\qquad 3y^2 - 5xy + 2x^2 - 6y + 4x = 0.$

Ergebnis: $\qquad$ 1. $y - x - 2 = 0$

$\qquad$ 2. $3y - 2x = 0.$

5. Bestimmung einer Kurve zweiten Grades durch gegebene Peripheriepunkte. Lösungsverfahren

Die Gleichung zweiten Grades, die in ihrer allgemeinsten Form

$$A x^2 + 2 B x y + C y^2 + 2 D x + 2 E y + F = 0$$

die sechs konstanten Größen A, B, $C \ldots F$ enthält, läßt sich, wenn man sie durch eine dieser Größen, die aber von 0 verschieden sein muß, dividiert, so umgestalten, daß sie nur noch von fünf Konstanten, nämlich von den zwischen den Koeffizienten bestehenden Verhältnissen abhängig ist. Dividiert man durch den einen Koeffizienten (z. B. A), so erhält man

1. $\qquad x^2 + \dfrac{2B}{A} x y + \dfrac{C}{A} y^2 + \dfrac{2D}{A} x + \dfrac{2E}{A} y + \dfrac{F}{A} = 0$

oder wenn man zur Abkürzung die entstandenen Quotienten durch $a, b, c \ldots$ ersetzt

2. $\qquad x^2 + a x y + b y^2 + c x + d y + e = 0.$

Da die vorstehende Gleichung nur fünf konstante Größen enthält, die mit der Art und Lage des Kegelschnitts sich ändern, so folgt hieraus, daß zur Bestimmung einer Kurve zweiten Grades im allgemeinen fünf Peripheriepunkte nötig und ausreichend sind. Ihre Gleichung erhält man, wenn man die Koordinaten der Punkte in 2. einsetzt und aus den erhaltenen fünf Gleichungen die Konstanten a, b, c, d und e errechnet.

Ein Kegelschnitt ist bestimmt durch fünf Punkte.

1. Lösungsverfahren

Gegeben sind die Koordinaten der Punkte $P_1 \cdots P_5$; die Gleichung des Kegelschnitts ist aufzustellen.

1. Beispiel

	x	y	Bestimmungsgleichung
P_1	0	0,8	1. $\quad 0 + 0 \cdot a + \dfrac{16}{25} b + 0 \cdot c + \dfrac{4}{5} d + e = 0$
P_2	-1	2	2. $\quad 1 - 2 a + 4 b - 1 \cdot c + 2 d + e = 0$
P_3	4	0	3. $\quad 16 + 0 \cdot a + 0 \cdot b + 4 c + 0 \cdot d + e = 0$
P_4	4	4	4. $\quad 16 + 16 a + 16 b + 4 c + 4 d + e = 0$
P_5	9	2	5. $\quad 81 + 18 a + 4 b + 9 c + 2 d + e = 0$

Aus vorstehenden fünf Gleichungen erhält man durch Kombination folgende vier Gleichungen:

$$(3. - 1.) \equiv (\mathrm{I}) \equiv 16 + 0 \cdot a - \frac{16}{25} b + 4 c - \frac{4}{5} d = 0;$$

$$(5. - 2.) \equiv (\text{II}) \equiv 8 + 2\ a \mp 0 \cdot b + 1 \cdot c + 0 \cdot d = 0;$$
$$(4. - 3.) \equiv (\text{III}) \equiv 0 + 4\ a + 4\ b + 0 \cdot c + 1 \cdot d = 0;$$
$$(3. - 2.) \equiv (\text{IV}) \equiv 15 + 2\ a - 4\ b + 5\ c - 2\ d = 0;$$

man erhält weiter:

$$\text{aus} \quad (\text{III}) \cdot 2 \equiv 0 + 8\ a + 8\ b + 0 \cdot c + 2\ d = 0$$
$$\text{und} \quad (\text{IV}) \equiv 15 + 2\ a - 4\ b + 5\ c - 2\ d = 0$$
$$\text{Gleichung} \quad (\text{V}) \equiv 15 + 10\ a + 4\ b + 5\ c + 0 \cdot d = 0;$$
$$\text{aus} \quad (\text{II}) \cdot 5 \equiv 40 + 10\ a + 0 \cdot b + 5\ c + 0 \cdot d = 0$$
$$\text{und (V) schließlich:} \quad 25 + 0 \cdot a - 4\ b + 0 \cdot c + 0 \cdot d = 0$$
$$\text{oder} \qquad\qquad\qquad\qquad\qquad\qquad b = 25/4;$$

dieser Wert in (I) eingesetzt ergibt:

$$(\text{I a}) \equiv 12 + 4\ c - (4/5)\ d = 0 \quad \text{oder} \quad 3 + c - (1/5)\ d = 0$$

und in (III) eingesetzt: $(\text{III a}) \equiv +\ 4\ a + 25 + d = 0.$

Es ist $\qquad\qquad (\text{I a}) \cdot 5 \equiv +\ 5\ c + 15 - d = 0.$

Es ergibt $\qquad (\text{III a}) + (\text{I a}) \cdot 5 \equiv 4\ a + 5\ c + 40 = 0$

mit $\qquad\qquad (\text{II}) \cdot 2 \equiv 4\ a + 2\ c + 16 = 0$

schließlich $\qquad\qquad\qquad\qquad\qquad 3\ c = -\ 24;$

$$c = -\ 8$$

c in (I a) ergibt: $\qquad\qquad\qquad 3 - 8 - (1/5)\ d = 0$

$$d = -\ 25$$

c in (II) ergibt: $\qquad\qquad\qquad\qquad a = 0.$

Aus 3. erhält man $\qquad\qquad\qquad\qquad e = 16.$

Setzt man diese Werte in die Gleichung

$$x^2 + a\ x\ y + b\ y^2 + c\ x + d\ y + e = 0$$

ein, so erhält man

$$x^2 + (25/4)\ y^2 - 8\ x - 25\ y + 16 = 0$$

oder

$$4\ x^2 - 32\ x + 25\ y^2 - 100\ y + 64 = 0$$

oder

$$4\ (x^2 - 8\ x + 16) + 25\ (y^2 - 4\ y + 4) = -\ 64 + 64 + 100$$

$$\frac{(x-4)^2}{25} + \frac{(y-2)^2}{4} = 1.$$

2. Beispiel

Gegebene Punkte:

$$P_1\ (0;\ 1),\ P_2\ (2;\ 4,\ 2),\ P_3\ (5;\ 5),\ P_4\ (8;\ -2,\ 2),\ P_5\ (10;\ 1).$$

Ergebnisse: $\quad a = 0;\ b = 25/16;\ c = -\ 10 = -\ 160/16;$
$$d = -\ 25/8 = -\ 50/16;\ e = 25/16.$$

$$16\ x^2 + 25\ y^2 - 160\ x - 50\ y + 25 = 0$$

$$16\ (x^2 - 10\ x + 25) + 25\ (y^2 - 2\ y + 1) + 25 = 425$$

$$\frac{(x-5)^2}{25} + \frac{(y-1)^2}{16} = 1.$$

Anmerkung: Es zeigt sich, daß alle zur Ermittelung der Koeffizienten aufgestellten Gleichungen vom ersten Grade sind. Jede der gesuchten Größen wird also einen reellen und eindeutigen Wert ergeben unter der Voraussetzung, daß die Gleichungen voneinander unabhängig sind. Das wird nicht der Fall sein, wenn man in die Betrachtung auch die in der Gleichung zweiten Grades enthaltenen geradlinigen Gebilde einbezieht, wenn also z. B. drei Punkte in einer Geraden liegen. Dann ergeben sich Unbestimmtheiten, die eine eindeutige Lösung ausschließen. Auf den besonderen Fall, daß der eine der gegebenen Punkte Koordinatenanfangspunkt ist [$P(0;0)$] bezieht sich Übungsaufgabe 1 S. 124.

2. Lösungsverfahren

Das hier entwickelte Verfahren wird aber, selbst wenn man durch geschickte Wahl der Lage des Achsensystems eine Vereinfachung des Rechnungsverfahrens erzielt, eine gewisse Umständlichkeit zeigen. Ein anderes, im folgenden entwickeltes Lösungsverfahren wird wesentlich einfacher und schneller zum Ziele führen.

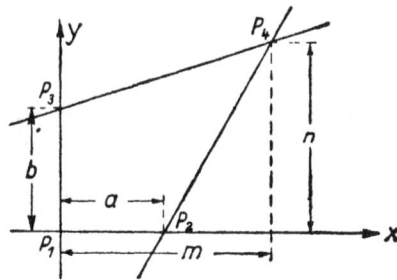

Abb. 116.

Gedankengang: Sind die Punkte $P_1(0;0)$ $P_2(a;0)$ $P_3(0;b)$ $P_4(m;n)$ gegeben, so lauten die Gleichungen der durch diese Punkte bestimmten Geraden (s. Abb. 116):

1. $P_2 P_4 \equiv y = \dfrac{n}{m-a} \cdot (x-a)$ oder $nx + (a-m)\cdot y - an = 0$

2. $P_3 P_4 \equiv y = \dfrac{n-b}{m} \cdot x + b$ „ $(b-n)x + my - bm = 0$

3. $P_1 P_3 \equiv x = 0$ }
4. $P_1 P_2 \equiv y = 0$ } Gleichungen der Koordinatenachsen.

Durch Verbindung von je zweien (Multiplikation) entsteht aus 1. und 3. in

(I) $\qquad x[nx + (a-m)y - an] = 0$

eine Gleichung zweiten Grades für das System der beiden Geraden $P_1 P_3$ und $P_2 P_4$, und aus 2. und 4. in

(II) $\qquad y[(b-n)x + my - bm] = 0$

eine Gleichung zweiten Grades für das System $P_1 P_2$ und $P_3 P_4$. Die Gleichungen (I) und (II) werden von den vier gegebenen Punkten befriedigt. Werden nun diese beiden Gleichungen durch Addition miteinander verbunden, nachdem eine von ihnen mit einem noch unbestimmten Faktor λ multipliziert wurde, so entsteht wieder eine Gleichung zweiten Grades, die denselben Werten x und y genügt, wie die Gleichungen (I) und (II). Die Gleichung

(III) $\quad x[nx + (a-m)y - an] + \lambda y[(b-n)\cdot x + my - bm] = 0$

bestimmt also einen beliebigen Kegelschnitt durch die gegebenen **vier** Punkte. Soll dieser auch noch den fünften Punkt P $(p; q)$ enthalten, dann muß

(IV)　$p\,[np + (a-m)\,q - an] + \lambda q\,[(b-n)\cdot p + mq - bm] = 0$

sein. Hieraus läßt sich der Faktor λ leicht errechnen.

Um also die Gleichung eines Kegelschnittes zu finden, der durch fünf Punkte geht, ist es nötig, zwei Gleichungen zweiten Grades aus den Gleichungen von vier Geraden aufzustellen. Durch Addition beider Gleichungen erhält man dann, solange λ unbestimmt bleibt, den allgemeinen Ausdruck für die Gleichungen aller Kegelschnitte durch vier Punkte. Sodann bestimmt man λ nach (IV) so, daß auch der fünfte Punkt der Gleichung genügt.

Aufgaben

1. Bestimme den Kegelschnitt, der durch die fünf Punkte geht:

$$P_1(0; 0),\ \ P_2(2; 1),\ \ P_3(3; 2),\ \ P_4(2; 4),\ \ P_5(-3; -1)!$$

Es ist:

1.　$P_1 P_3 \equiv \dfrac{y-0}{x-0} = \dfrac{-2}{-3} \equiv 3\,y - 2\,x = 0$

2.　$P_4 P_5 \equiv \dfrac{y-4}{x-2} = \dfrac{4+1}{2+3} = 1 \equiv y - x - 2 = 0$

3.　$P_1 P_4 \equiv \dfrac{y-0}{x-0} = \dfrac{-4}{-2} = 2 \equiv y - 2\,x = 0$

4.　$P_3 P_5 \equiv \dfrac{y-2}{x-3} = \dfrac{2+1}{3+3} = \dfrac{1}{2} \equiv 2\,y - x - 1 = 0.$

Aus $P_1 P_3 \cdot P_4 P_5 \equiv (3\,y - 2\,x)\cdot(y - x - 2) = 0$ folgt:

1.　　　　　　$3\,y^2 - 5\,x\,y + 2\,x^2 - 6\,y + 4\,x = 0.$

Aus $P_1 P_4 \cdot P_3 P_5 \equiv (y - 2\,x)\cdot(2\,y - x - 1) = 0$ folgt:

2.　　　　　　$2\,y^2 - 5\,x\,y + 2\,x^2 - y + 2\,x = 0.$

Durch Addition von 1. und $\lambda \cdot 2.$ erhält man die Gleichung des Kegelschnitts, durch die gegebenen **vier** Punkte $P_1 P_3 P_4 P_5$. Es ist:

3.　$(3\,y^2 - 5\,x\,y + 2\,x^2 - 6\,y + 4\,x) + \lambda\,(2\,y^2 - 5\,x\,y + 2\,x^2 - y + 2\,x) = 0.$

Da nun aber auch die Koordinaten des fünften Punktes P_2 (2; 1) vorstehender Gleichung genügen sollen, so ist nach Einsetzen von $x = 2,\ y = 1$ in 3:

4.　　　$(3 - 10 + 8 - 6 + 8) + \lambda\cdot(2 - 10 + 8 - 1 + 4) = 0$

　　　　　　　　　　$3 + \lambda\cdot 3 = 0$

　　　　　　　　　　　　$\lambda = -1.$

Man erhält somit aus 3. nach Einsetzen von $\lambda = -1$:

5a.　　$3\,y^2 - 5\,y\,x + 2\,x^2 - 6\,y + 4\,x - 2\,y^2 + 5\,x\,y - 2\,x^2 + y - 2\,x = 0$

　　　　　　　$y^2 - 5\,y + 2\,x = 0$

　　　　　$y^2 - 5\,y + 25/4 = -2\,x + 25/4$

　　　　　$(y - 5/2)^2 = -2\,(x - 25/8).$

2.

$$P_1(-3; -2)$$
$$P_2(-1; -3)$$
$$P_3(0; -5)$$
$$P_4(2; 3)$$
$$P_5(5; 0)$$

$P_1 P_2 \equiv 2y + x + 7 = 0$
$P_3 P_4 \equiv y - 4x + 5 = 0$
$P_1 P_3 \equiv y + x + 5 = 0$
$P_2 P_4 \equiv y - 2x + 1 = 0$
$P_5(5; 0)$ dient zur Bestimmung von λ.

1. $$(2y + x + 7) \cdot (y - 4x + 5) = 0, \text{ daraus}$$
$$2y^2 - 7xy + 17y - 4x^2 - 23x + 35 = 0.$$

2. $$(y + x + 5) \cdot (y - 2x + 1) = 0, \text{ daraus}$$
$$y^2 - xy + 6y - 2x^2 - 9x + 5 = 0.$$

3. $$2y^2 - 7xy + 17y - 4x^2 - 23x + 35 + \lambda(y^2 - xy + 6y - 2x^2 - 9x + 5) = 0$$
$$0 - 0 + 0 - 100 - 115 + 35 + \lambda(0 - 0 + 0 - 50 - 45 + 5) = 0$$
$$-180 + \lambda \cdot (-90) = 0$$

$$\lambda = -2.$$

4. $$-5xy + 5y - 5x + 25 = 0$$
$$xy - y + x - 5 = 0$$
$$\operatorname{tg} 2\varphi = 1/0 \to \infty$$
$$2\varphi = 90^0; \quad \varphi = 45^0.$$

Man erhält:

$$x'^2 - y'^2 - 2\sqrt{2}\, y' = 10$$
$$x'^2 - (y' + \sqrt{2})^2 = 8$$

(s. Abb. 117).

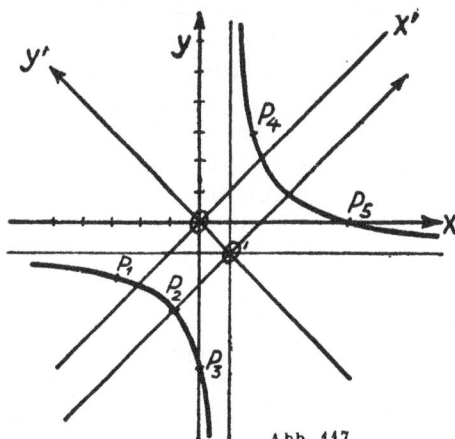

Abb. 117.

3. Bestimme den Kegelschnitt, der durch die Punkte geht:

$$P_1(1; 8)$$
$$P_2(-2; 4)$$
$$P_3(7; 16)$$
$$P_4(-4; 8)$$
$$P_5(6; 8)$$

Man erhält als Gleichungen:

1. $P_1 P_3 \equiv 3y - 4x - 20 = 0$
2. $P_4 P_5 \equiv y - 8 = 0$
3. $P_1 P_4 \equiv y - 8 = 0$
4. $P_3 P_5 \equiv y - 8x + 40 = 0.$

Die Gleichungen 2. und 3. zeigen, daß ein zerfallender Kegelschnitt vorliegen muß, denn die Punkte $P_1 P_4 P_5$ liegen auf einer Geraden. Aus der weiteren Rechnung erhält man für $\lambda = 0$ und nach Einsetzen in das Produkt aus $P_1 P_3 \cdot P_4 P_5 + \lambda \cdot P_4 P_5 \cdot P_3 P_5 = 0$ die Gleichung des zerfallenden Kegelschnitts:

$$3y^2 - 4xy - 44y + 32x + 160 = 0.$$

4. Gegeben die fünf Punkte:

$$P_1(-3; -2), \ P_2(0; 2), \ P_3(0; -5), \ P_4(2; 3), \ P_5(5; 0).$$

Man erhält eine Ellipse, deren Gleichung lautet:

$$x^2 - xy + y^2 - 3x + 3y - 10 = 0.$$

Übungsaufgaben

Nach sorgfältiger Durcharbeitung des Buches und der darin durchgerechneten Aufgaben soll nun' der Schüler an den im folgenden zusammengestellten Beispielen seine Kenntnisse erproben und selbst den Gang der Lösung finden. Nur in schwierigeren Fällen ist eine kurze Anleitung gegeben, die einen Lösungsweg zeigt, der oftmals von dem bei den Beispielen des Buches angegebenen Lösungsgang abweicht. Dem ernstlich Strebenden wird das eine Anregung sein, nach eigenen Lösungsformen zu suchen, für die gerade die analytische Geometrie ein weites Feld der Betätigung darstellt.

Die Aufgaben sind sorgfältig ausgewählt, die Zahlenwerte so eingerichtet, daß die Rechnung selbst nicht allzuviel Zeit in Anspruch nimmt, sondern in den meisten Fällen, wie der Schüler mit innerer Freude zu sagen pflegt, „aufgeht". Aufgaben, die geradezu unwahrscheinliche Ergebnisse liefern und in umständlicher Rechnung darauf führen, werden bei allzu häufigem Auftreten jedes Interesse nehmen und erheblich die intellektuelle Freude dämpfen, die man dann empfindet, wenn eine schwierige Lösung mit einem glatten Ergebnis abschließt.

Wo bei den Aufgaben kein Ergebnis angegeben ist, läßt es sich leicht durch eine Zeichnung kontrollieren. Es ist überhaupt zweckmäßig, nach durchgeführter Rechnung, manchmal auch gleich zu Beginn derselben, die gegebenen Größen in das Koordinatensystem einzuzeichnen, um so das rechnerische Resultat durch die Zeichnung zu überprüfen. Vor allem aber sollen die geometrischen Örter nach Beendigung der Rechnung in die Figur richtig eingezeichnet werden, wobei eine Untersuchung, ob auch alle Punkte des Ortes den gestellten Bedingungen genügen, nicht verabsäumt werden darf.

1. Die Gerade (Aufgabe 1—20)

1. Wie lang sind die Seiten des Dreiecks A (2, 6), B (—4, —1), C (5, 2) und unter welchen Winkeln schneiden sie die x-Achse?

2. Wie lang sind in dem Viereck A (— 3, — 3), B (5, — 1), C (4, 5), D (—2, 4) die Diagonalen und unter welchen Winkeln schneiden sie die x-Achse?

3. Gegeben sind die Punkte P_1 (— 5, 3) und P_2 (2, 2). Bestimme die Koordinaten der Punkte, die die Strecke $P_1 P_2$ innen und außen im Verhältnis 3 : 2 teilen! $(\lambda = \lambda' = 3/2.)$

4. Ergänze das Dreieck A (2, 2), B (9, 3), C (6, 7) auf drei Arten zum Parallelogramm. Welche sind die Koordinaten der vierten Ecke?

Anleitung: Da bei der Ergänzung zum Parallelogramm jede Seite des gegebenen Dreiecks Diagonale des gesuchten Parallelogramms wird, und die

Diagonalen im Parallelogramm einander halbieren, so erhält man mit Hilfe der Formel über die Halbierungspunkte einer Strecke die Koordinaten der gesuchten vierten Ecke.

Es ist also $(2+9)/2 = (6+x)/2$; $(2+3)/2 = (7+y)/2$

$\quad\quad x = 5 \quad\quad\quad\quad x = -2$ usw.

5. Bestimme in dem Dreieck der Aufgabe 4 die Koordinaten des Schwerpunktes! Wie lang sind die Schwerlinien?

6. Stelle in dem Dreieck der Aufgabe 4 die Gleichungen der drei Seiten auf!

7. Eine Gerade schneidet auf der y-Achse den Abschnitt $n = 3$ ab und bildet mit der x-Achse den Winkel $\alpha = 60^0$. Wie lautet ihre Gleichung?

8. Eine Gerade schneidet die positiven Koordinatenachsen so, daß sich $a : b = 3 : 4$ verhält (a auf x-Achse). Ihr Abstand vom 0-Punkt beträgt $d = 6$. Wie lautet ihre Gleichung?

Anleitung: $d = 6$ ist der Radius des Kreises, für den die Gerade Tangente wird. Aus der Tangentenbedingung $r^2(1 + m^2) = n^2$ folgt, da $m = -4/3$ und $r = 6$ ist, $n = \pm 10$, und da b positiv sein soll, wird $n = b = 10$. Eine zweite Lösung erhält man bei Anwendung der Normalform von Hesse. (Wir wollen sie in den Aufgaben fortan kurz mit N bezeichnen.)

9. Durch die Ecken des Dreiecks A (2,1), B (6,2), C (3,4) sind die Parallelen zu den Gegenseiten zu legen.

    a) Bestimme ihre Gleichungen und die Koordinaten ihrer Schnittpunkte!

    b) Berechne den Inhalt beider Dreiecke!

    c) Diskutiere das Ergebnis!

10. Durch den Punkt P $(-1, 4)$ soll eine Gerade so gezogen werden, daß die Summe ihrer Achsenabschnitte $s = 3$ ist. Bestimme ihre Gleichung!

Anleitung: Zur Bestimmung der Achsenabschnitte a und b hat man die Gleichungen

$$\frac{-1}{a} + \frac{4}{b} = 1 \text{ und } a + b = 3.$$

Ergebnis: $a_1 = 1$; $b_1 = 2$; $a_2 = -3$; $b_2 = 6$.

11. Wie lautet die Gleichung einer Geraden, deren Abstand vom Ursprung $d = 5$ ist und die mit der positiven x-Achse den Winkel $\varphi = 120^0$ bildet?

Anleitung: Es ist $x \cdot \cos 120^0 + y \cdot \sin 120^0 - 5 = 0$

$$\text{also} \quad -(1/2)\,x + (1/2)\sqrt{3} \cdot y - 5 = 0$$

$$\text{oder} \quad x - \sqrt{3} \cdot y + 10 = 0.$$

12. Welchen Abstand haben die Parallelen $y = -(3/4)\,x + 3$ und $y = -(3/4)\,x + 6$ voneinander?

Anleitung: $\quad N_1 \equiv \dfrac{3\,x + 4\,y - 12}{5} = 0$; $d_1 = 12/5$

$$N_2 \equiv \frac{3\,x + 4\,y - 24}{5} = 0; \ d_2 = 24/5$$

Abstand: $d_2 - d_1 = 12/5$.

13. Durch den Punkt $P_1\,(6,7)$ ist eine Gerade zu ziehen, deren Abstand vom Punkte $P_2\,(5,-8)\ d=\sqrt{113}$ ist. Wie lautet die Gleichung der Geraden? Anleitung: Es sei $y=mx+n$ die Gleichung der gesuchten Geraden. In der Normalform von Hesse lautet sie: $N\equiv\dfrac{m\,x-y+n}{\pm\sqrt{m^2+1}}=0.$ Setzt man für x und y die Koordinaten 5 und -8 ein, dann erhält man $\dfrac{5\,m+8+n}{\pm\sqrt{m^2+1}}=\sqrt{113}$

oder $113\,m^2+113=[\pm\,(5\,m+8+n)]^2.$

Setzt man $n=7-6m$ (folgt aus $y=mx+n$ bzw. $7=6\,m+n$), dann erhält man für m die quadratische Gleichung

$$112\,m^2+30\,m-112=0$$

und hieraus $m_1=7/8;\ n_1=7/4;\ m_2=-8/7,\ n_2=97/7.$
Es erfüllen also zwei Gerade die Bedingung der Aufgabe:

1. $7\,x-8\,y+14=0$;   2. $8\,x+7\,y-97=0.$

14. Durch den Punkt $P\,(5,-3)$ soll eine Gerade gezogen werden, welche von den Punkten $P_1\,(-3,4)$ und $P_2\,(-2,-7)$ gleichweit entfernt ist! Anleitung: Die Gleichung der Geraden sei

1. $mx-y+n=0.$

Da sie durch den Punkt $P\,(5,-3)$ geht, so erhält man

2. $5\,m+3+n=0.$

Bringt man sie auf die Normalform von Hesse, dann ist

$N\equiv\dfrac{m\,x-y+n}{\pm\sqrt{m^2+1}}=0.$ Unter der vorläufigen Annahme eines positiven Wertes für n gilt also für den Abstand des Punktes $P_1\,(-3,4)$:

$d_1=\dfrac{-3\,m-4+n}{-\sqrt{m^2+1}}$ und für den des Punktes $P_2\,(-2,-7)$

$d_2=\dfrac{-2\,m+7+n}{-\sqrt{m^2+1}}.$

Nun ist

a) $d_1=d_2$, also $-3\,m-4+n=-2\,m+7+n$, also $m=-11$, und da $n=-5\,m-3$ ist (s. Gl. 2), so ist $n=52.$
Daraus folgt die Gleichung der ersten Geraden: $11\,x+y-52=0.$

b) Ist $d_1=-d_2$, dann erhält man $-3\,m-4+n=2\,m-7-n$, also $-5\,m+3+2\,n=0$ und da $2\,n=-10\,m-6$ ist, so wird:

$-5\,m+3-10\,m-6=0,\ m=-1/5$ und $n=-2.$

Daraus folgt die Gleichung der zweiten Geraden: $x+5\,y+10=0.$

15. Gegeben sind die Gleichungen der beiden Geraden

1. $3\,x+4\,y+7=0$;   2. $5\,x+12\,y+8=0.$

Welche Beziehung besteht zwischen den Koordinaten x_P, y_P eines Punktes, wenn er von beiden Geraden gleich weit entfernt ist?
Anleitung: Bringt man die gegebenen Gleichungen auf die Normalform von Hesse, dann ist

1. $$N \equiv \frac{3\,x + 4\,y + 7}{-5} = 0; \quad d_1 = \frac{3\,x_P + 4\,y_P + 7}{-5}$$

2. $$N \equiv \frac{5\,x + 12\,y + 8}{-13} = 0; \quad d_2 = \frac{5\,x_P + 12\,y_P + 8}{-13}.$$

Die beiden Geraden bilden 4 Winkelräume miteinander.

a) Für einen Punkt in dem Winkelraum, in dem der Ursprung liegt, und ebenso für einen Punkt in dem diesem Winkelraum gerade gegenüberliegenden wird $d_1 = d_2$, also $(3\,x_P + 4\,y_P + 7)/(-5) = (5\,x_P + 12\,y_P + 8)/(-13)$. Daraus folgt: $14\,x_P - 8\,y_P + 51 = 0$.

b) Für einen Punkt in den anderen beiden Winkelräumen wird $d_1 = -d_2$. In gleicher Weise wie unter a) erhält man: $64\,x_P + 112\,y_P + 131 = 0$.

Die Gleichungen unter a) und b), jedoch mit laufenden Koordinaten statt x_P und y_P, stellen die Gleichungen der Winkelhalbierenden des von den beiden Geraden gebildeten Winkels bzw. seines Nebenwinkels dar, denn auf ihnen liegen alle Punkte, die von beiden Geraden gleich weit entfernt sind.

16. Die Ecken eines Dreiecks haben die Koordinaten $A\,(5, 6)$, $B\,(6, -1)$, $C\,(-2, 4)$. Wie lang sind die Höhen?
Anleitung: Wende die Normalform von Hesse an!
Ergebnis: $h_a = (51/89)\,\sqrt{89}$; $h_b = (51/53)\,\sqrt{53}$; $h_c = (51/10)\,\sqrt{2}$.

17. Bestimme die Gleichung der Geraden, die durch den Schnittpunkt der beiden Geraden $3\,x - 5\,y - 19 = 0$ und $7\,x + 8\,y - 5 = 0$ geht und auf der Geraden $3\,x + y - 5 = 0$ senkrecht steht!
Ergebnis: $x - 3\,y - 9 = 0$.

18. Es sind die Gleichungen der beiden Geraden aufzustellen, die durch den Punkt $P\,(-1, 3)$ gehen und mit der Geraden $4\,x - 2\,y - 1 = 0$ einen Winkel von 45° einschließen!
Anleitung: Zur Bestimmung von m und n der gesuchten Gleichung $y = m\,x + n$ hat man die beiden Gleichungen:

1. $3 = -1 \cdot m_1 + n_1$; 2. $\operatorname{tg} a = \dfrac{2 - m_1}{1 + 2\,m_1} = 1$.

Man mache sich klar, daß für die zweite Gerade die zweite Gleichung in der Form

2a. $$\operatorname{tg} a = \frac{m_2 - 2}{1 + 2\,m_2} = 1 \text{ gilt.}$$

Ergebnis: 1. $x - 3\,y + 10 = 0$; 2. $3\,x + y = 0$.

19. Auf den beiden Geraden $y - 3 = 0$ und $3\,x - 4\,y + 6 = 0$ sollen die Punkte bestimmt werden, die von deren Schnittpunkt die Entfernung $d = 8$ haben!

Ergebnis: P_1 (10, 3); P_2 (—6, 3).

Die Koordinaten von P_3 und P_4 erhält man aus den beiden Gleichungen

$$3\,x - 4\,y + 6 = 0 \text{ und } \sqrt{(2 - x)^2 + (3 - y)^2} = 8.$$

Die daraus sich ergebende quadratische Gleichung $25\,y^2 - 150\,y - 351 = 0$ liefert das Ergebnis: P_3 (8,4; 7, 8); P_4 (— 4, 4; — 1, 8).

20. Die drei Seiten eines Dreiecks haben die Gleichungen:

1. $\quad 3\,x + 4\,y - 24 = 0$
2. $\quad 4\,x - 3\,y + 43 = 0$
3. $\quad 5\,x - 12\,y - 26 = 0$

(Der Ursprung liegt innerhalb des Dreiecks.)

a) Wie lauten die Gleichungen der Winkelhalbierenden der Innenwinkel?
b) Bestimme die Koordinaten ihres Schnittpunktes!
c) Wie weit ist er von den Seiten entfernt? (Radius o des Inkreises!)
d) Bestimme die Winkel des Dreiecks!

Anleitung: a) Für die Winkelhalbierenden gilt allgemein $d_1 = d_2$ oder $d_1 - d_2 = 0$ (s. Aufgabe 15).

Die Gleichung der Winkelhalbierenden zwischen den Seiten 1. und 2. lautet also

$$\frac{3\,x + 4\,y - 24}{5} + \frac{4\,x - 3\,y + 43}{5} = 0 \text{ oder}$$

1. $\qquad\qquad 7\,x + y + 19 = 0.$

In ähnlicher Weise erhält man für die beiden anderen Winkelhalbierenden die Gleichungen:

2. $x + 8\,y - 13 = 0$ und 3. $7\,x - 9\,y + 39 = 0.$

b) S (—3, 2).
c) $d_1 = d_2 = d_3 = 5.$
d) $\sphericalangle\,\alpha = 30^0\ 30'\ 35''$; $\sphericalangle\,\beta = 59^0\ 29'\ 25''$; $\sphericalangle\,\gamma = 90^0.$

2. Der Kreis (Aufgabe 21—35)

21. Wie lautet die Gleichung des Kreises mit den Mittelpunktskoordinaten M (3, —5) und dem Radius $r = 4$?

22. Leite die allgemeine Gleichung des Kreises ab, der durch den Ursprung geht! (Ein Kreis geht durch den Ursprung, wenn in seiner Gleichung das konstante Glied fehlt.)

23. Entwickle die vier Scheitelgleichungen des Kreises, z. B. $y^2 = x\,(2\,r - x)$!

24. Bestimme die Gleichung des Kreises, der durch den Punkt P_1 (9, 3) geht und die y-Achse im Punkte P_2 (0, 6) berührt!

Anleitung: Da $a = r$ und $b = 6$ ist, so erhält man zur Bestimmung von r die Gleichung $(9 - r)^2 + (3 - 6)^2 = r^2$.

25. Ein Kreis berührt die x-Achse im Punkte P_1 (4, 0) und schneidet die y-Achse in den Punkten P_2 (0, 2) und P_3 (0, 8).

a) Wie lautet seine Gleichung ?

b) Wie lauten die Gleichungen der in den Punkten P_2 und P_3 an den Kreis gelegten Tangenten ?

c) Bestimme ihren Schnittwinkel!

26. Bestimme Lage und Gestalt der Kurve

$$(x - 8)(x + 4) + (y + 9)(y - 3) = 0!$$

Wo schneidet die Kurve die Achsen ?

27. Gegeben sind die beiden Kreise

1. $x^2 - 4x + y^2 + 2y = 0$; 2. $x^2 - 18x + y^2 + 6y + 74 = 0$.

Wie lautet die Gleichung der Zentralen ?

28. An den Kreis $x^2 + y^2 = 36$ sind die Tangenten zu legen, die der Geraden $12x - 5y + 40 = 0$ parallel laufen!

a) Lösung unter Anwendung der Normalform von Hesse: Es sei $y = mx + n$ die Gleichung der gesuchten Tangente. Bringt man sie auf die Normalform von Hesse, dann wird:

$$N \equiv \frac{mx - y + n}{\pm \sqrt{m^2 + 1}} = 0.$$

Ihr Abstand vom Ursprung beträgt (Vorzeichen von n noch unbestimmt)

$$d = \left| n / \sqrt{m^2 + 1} \right| = 6.$$

Da $m = 12/5$, so erhält man aus vorstehender Gleichung die beiden Werte für n.

b) Lösung mit Hilfe der Tangentenbedingung: Aus $m = 12/5$ und $r = 6$ erhält man unter Anwendung der Tangentenbedingung $r^2(1 + m^2) = n^2$ die Werte für n.

Vergleiche beide Lösungen miteinander!

29. Vom Punkte $P(7, 1)$ sind die Tangenten an den Kreis $x^2 + y^2 = 10$ zu legen!

Anleitung: a) Im folgenden sei der Gedankengang einer Lösung gegeben, der bei allen Kegelschnitten für Aufgaben dieser Art anwendbar ist.

Es sei $x x_1 + y y_1 = 10$ die Gleichung der gesuchten Tangente, wo (x_1, y_1) die auf dem Kreise liegenden Berührungspunkte sind. Die Koordinaten des Punktes $P(7, 1)$, des Ausgangspunktes der Tangente, müssen der Tangentengleichung genügen. Setzt man sie für die laufenden Koordinaten x und y in diese ein, dann erhält man $7x_1 + 1 y_1 = 10$ oder $y_1 = 10 - 7x_1$. Da (x_1, y_1) Punkte des Kreises sind, so erhält man zur Bestimmung von x_1 und y_1 die beiden Gleichungen $x_1{}^2 + y_1{}^2 = 10$ und $y_1 = 10 - 7x_1$. Die sich daraus ergebende quadratische Gleichung (x ohne Index) $x^2 - (14/5)x + 9/5 = 0$ liefert als

Ergebnis: $x_1 = 9/5$; $y_1 = -13/5$; $x_2 = 1$; $y_2 = 3$.

9*

b) Wendet man zur Lösung die Normalform von Hesse an, so erhält man in $\pm\, n/\sqrt{m^2+1} = \sqrt{10}$ oder in $n^2 = 10\,(m^2+1)$ die Tangentenbedingung, und da $n = 1 - 7\,m$ ist, die Gleichung $1 - 14\,m + 49\,m^2 = 10\,(m^2 + 1)$ usw.
Ergebnis: $m_1 = 9/13;\quad m_2 = -1/3;\quad n_1 = -50/13;\quad n_2 = 10/3.$

30. Der Kreis $(x - 3)^2 + y^2 = 25$ wird an der Winkelhalbierenden des I. Quadranten gespiegelt. a) Wo schneidet er sein Spiegelbild? b) Wie lautet dessen Gleichung? c) Wie lang ist die gemeinsame Sehne?
(Die Schnittpunkte S_1 und S_2 ergeben sich aus $(x - 3)^2 + y^2 = 25$ und $y = x$.)

31. Wie lauten die Gleichungen der Tangenten an den Kreis
$$x^2 + 4\,x + y^2 + 8\,y - 6 = 0$$
in einem Punkt, dessen Abszisse $x_1 = -3$ ist?
Ergebnis: 1. $x - 5\,y + 8 = 0$; 2. $x + 5\,y + 48 = 0$.

32. Von einem Kreis, der um einen Punkt der y-Achse beschrieben ist, kennt man zwei Tangenten: $2\,x - y + 4 = 0$ und $x + 2\,y - 5 = 0$. Wie lautet die Gleichung des Kreises?
Anleitung: Wende zur Bestimmung von b und r der gesuchten Kreisgleichung $x^2 + (y - b)^2 = r^2$ die Tangentenbedingung für den allgemeinen Kreis oder die Normalform von Hesse an!
Ergebnis: 1. $x^2 + (y - 1)^2 = 9/5$; 2. $x^2 + (y - 3)^2 = 1/5$.

33. Wie lautet die Gleichung des Kreises, der durch den Punkt $P_1\,(3, 4)$ und $P_2\,(-3, 4)$ geht und die Gerade $12\,x - 5\,y + 65 = 0$ berührt?
Ergebnis: 1. $x^2 + y^2 = 25$; 2. $x^2 + (y - 39/8)^2 = (25/8)^2$.

34. An den Kreis $x^2 - 14\,x + y^2 - 10\,y + 61 = 0$ sollen Tangenten gelegt werden, welche die x-Achse im Punkte $x = 6$ schneiden. Berechne die Koordinaten des Berührungspunktes!
Anleitung: Gleichung der Tangente: $(x - 7)(x_1 - 7) + (y - 5)(y_1 - 5) = 13$.
Da sie durch den Punkt $P\,(6, 0)$ geht, so erhält man
$$(-1)(x_1 - 7) - 5\,y_1 + 25 = 13 \text{ oder } x_1 + 5\,y_1 = 19$$
und aus der Kreisgleichung
$$(x_1 - 7)^2 + (y_1 - 5)^2 = 13, \text{ also:}$$
zwei Gleichungen zur Bestimmung von x_1 und y_1.
Ergebnis: $x_1 = 4;\quad x_2 = 9;\quad y_1 = 3;\quad y_2 = 2$.

35. Wie lautet die Gleichung des Kreises mit dem Radius $r = 15/2$, der den Kreis $4\,x^2 - 8\,x + 4\,y^2 - 28\,y - 47 = 0$ in einem Punkt mit der Abszisse $x = -2$ rechtwinklig schneidet?
Anleitung: Zwei Kreise schneiden einander rechtwinklig, wenn
$$(a - c)^2 + (b - d)^2 = r_1{}^2 + r_2{}^2$$

ist. Aus der gegebenen Kreisgleichung erhält man nach Umformung

$(x - 1)^2 + (y - 7/2)^2 = 25$ und somit $a = 1$, $b = 7/2$ und $r_1^2 = 25$.

Der gesuchte Kreis habe die Gleichung $(x - c)^2 + (y - d)^2 = 225/4$, in der c und d unbekannt sind. Zur Bestimmung dieser Konstanten erhält man aus der gegebenen Kreisgleichung, da $x = -2$ ist, für y die beiden Werte $y_1 = 15/2$; $y_2 = -1/2$ und somit die beiden Bestimmungsgleichungen:

1. $\qquad (1 - c)^2 + (7/2 - d)^2 = 325/4$
2. $\qquad (-2 - c)^2 + (15/2 - d)^2 = 225/4$

Durch Subtraktion (2.—1.) folgt $c = (4d - 36)/3$

und nach Einsetzen in 1.: $c_1 = 4$; $c_2 = -8$; $d_1 = 12$; $d_2 = 3$. Da sich für y als zweiter Wert $-1/2$ ergibt, so erhält man in gleicher Weise $c_3 = 4$; $c_4 = -8$; $d_3 = -5$; $d_4 = 4$. Es genügen also vier Kreise der gestellten Bedingung:

1. $(x - 4)^2 + (y - 12)^2 = (15/2)^2$ $\quad$ 3. $(x - 4)^2 + (y + 5)^2 = (15/2)^2$
2. $(x + 8)^2 + (y - 3)^2 = (15/2)^2$ $\quad$ 4. $(x + 8)^2 + (y - 4)^2 = (15/2)^2$

Zeichnung!

3. Die Parabel (Aufgabe 36—50)

36. Bestimme Brennpunkt und Leitlinie der Parabel $y^2 = 4x$. Zeichne sie punktweise!

37. Bestimme Scheitel, Brennpunkt und Leitlinie der Parabel
$$y = x^2/3 + 2x + 5!$$
Ergebnis: $2p = 3$; $p/2 = 0,75$; $S(-3,2)$; Gleichung der Leitlinie $y = +1,25$.

38. Eine Parabel, deren Achse der x-Achse parallel läuft, hat als Koordinaten des Scheitels $S(2,3)$ und geht durch den Punkt $P_1(3,5)$. Wie lautet ihre Gleichung und wo schneidet sie die x-Achse?
Ergebnis: $(y - 3)^2 = 4(x - 2)$; $x_s = 17/4$.

39. In das Parabelsegment, das durch die im Punkte $Q(2p, 0)$ errichtete Ordinate, die Kurve und die x-Achse begrenzt wird, soll ein Quadrat so eingezeichnet werden, daß eine Ecke in den Punkt Q und eine Seite in die x-Achse fällt. Bestimme die Koordinaten des auf der Parabel liegenden Eckpunktes E!
Anleitung: Aus $y^2 = 2px$ folgt, da $x_E + y_E = 2p$, also $x_E = 2p - y_E$, $y_E^2 = 2p(2p - y_E)$. Die Auflösung dieser quadratischen Gleichung ergibt die Werte:
$$x_E = p(3 - \sqrt{5}); \quad y_E = p(\sqrt{5} - 1).$$

40. Gegeben ist die Parabel $y^2 = 2x$. Um einen Punkt ihrer Achse, der vom Scheitel 8mal so weit entfernt ist wie der Brennpunkt, ist ein Kreis gezeichnet, der durch den Scheitel der Parabel geht. Berechne die Schnittpunkte und den Umfang des von der gemeinsamen Sehne begrenzten Dreiecks! Was ist über das Dreieck auszusagen?

Ergebnis: Aus $y^2 = 2\,x$ und $(x-4)^2 + y^2 = 16$ folgt $x_1 = 6$; $x_2 = 0$; $y_1 = 2\sqrt{3}$; $y_2 = 0$ usw.

41. Wie lautet die Gleichung der Tangente an die Parabel $y^2 = 9\,x$, wenn sie der Geraden $5\,x - 3\,y - 2 = 0$ parallel läuft?
Ergebnis: $100\,x - 60\,y + 81 = 0$.

42. Eine Parabel hat zur Achse die x-Achse, als Scheitel den Ursprung und berührt die Gerade $2\,x - 5\,y + 20 = 0$. Wie lautet ihre Gleichung?
Ergebnis: $y^2 = 32/5\,x$.

43. Entwickle die Gleichung der Tangente an die Parabel in „Parallellage"!
(Parabelachse parallel zur x-Achse, Scheitel $S\,(a, b)$.)
Ergebnis: $(y - b)\,(y_1 - b) = p\,(x - a + x_1 - a)$
$$= p\,(x + x_1 - 2\,a).$$

44. An die Parabel $(y - 5)^2 = 7\,(x + 2)$ ist im Punkte $P_1\,(5; -2)$ die Tangente zu legen!
Ergebnis: $x + 2\,y - 1 = 0$.

45. Im Punkte $P_1\,(-5, y > 0)$ ist an die Parabel $x^2 + 8\,x + 3\,y + 13 = 0$ die Tangente zu legen!
Anleitung: Aus $P_1\,(-5,\ 2/3)$ und $(x + 4)^2 = -3\,(y - 1)$ folgt $(x + 4)\,(x_1 + 4) = -(3/2)\,(y - 1 + 2/3 - 1)$ oder $2\,x - 3\,y + 12 = 0$.

46. Wie lautet die Gleichung der Tangente an die Parabel $x^2 - 6\,x + 4\,y + 1 = 0$, parallel zur Geraden $5\,x - 3\,y + 15 = 0$?
Anleitung: Transformiere die Parabel!
Ergebnis: $15\,x - 9\,y - 2 = 0$.

47. Welche Tangente der Parabel $y^2 = 12\,x$ schneidet die Gerade $y = 3\,x - 4$ unter einem Winkel von 45^0?
Anleitung: Es ist $m_1 = 3$ der Richtungsfaktor der Geraden und m_2 der Richtungsfaktor der Parabeltangente. Aus der Gleichung $\dfrac{m_1 - m_2}{1 + m_1 \cdot m_2} = 1$ folgt $3 - m_2 = 1 + 3\,m_2$, also $m_2 = 1/2$ und aus der Tangentenbedingung $n = 6$.
Ergebnis: 1. $x - 2\,y + 12 = 0$
  2. $4\,x + 2\,y + 3 = 0 \left(\text{folgt aus } \dfrac{m_1 - m_2}{1 + m_1 \cdot m_2} = -1\right)$

48. Bestimme die Gleichung des Durchmessers zur Sehne $y = x - 8$ der Parabel $y^2 = 6\,x$!. Wie lautet die Gleichung der parallelen Tangente?
Anleitung: Gleichung des Durchmessers $y_0 = p/m = 3/1 = 3$. Aus $p/2 = mn$ folgt $1{,}5 = n$. Gleichung der Tangente: $y = x + 1{,}5$.

49. Wie lautet die Gleichung der Sehne der Parabel $y^2 = 7\,x$, die durch den Punkt $P_1\,(5, 3)$ halbiert wird?
Anleitung: Aus der Gleichung des Durchmessers $y_0 = p/m$ folgt $3 = 7/(2\,m)$ also $m = 7/6$. Gleichung der Sehne: $7\,x - 6\,y - 17 = 0$.

50. Bestimme die Gleichungen der gemeinsamen Tangenten an den Kreis $10\,x^2 + 10\,y^2 = 81$ und die Parabel $y^2 = 4\,x$!
Anleitung: Wende die Tangentenbedingungen für Kreis und Parabel an!
Ergebnis: $x \mp 3\,y + 9 = 0$.

4. Die Ellipse (Aufgabe 51—65)

51. Die Halbachsen einer Ellipse sind $a = 6$, $b = 3$, der Mittelpunkt hat die Koordinaten $p = 4$ und $q = 2$. Wie lautet ihre Gleichung?

Ergebnis: $\dfrac{(x-4)^2}{36} + \dfrac{(y-2)^2}{9} = 1$ oder $x^2 - 8\,x + 4\,y^2 - 16\,y - 4 = 0$.

52. Bestimme die Lage des Mittelpunktes und die Halbachsen der Ellipse
$$4\,x^2 - 24\,x + 9\,y^2 + 18\,y - 36 = 0!$$
Ergebnis: $\dfrac{(x-3)^2}{81/4} + \dfrac{(y+1)^2}{9} = 1$.

53. Von einer zentrischen Ellipse ist die Hauptachse $2a = 8$ und der Punkt $P_1\,(2, 3)$ gegeben. Bestimme die Nebenachse $2b$!
Ergebnis: $2b = 4\,\sqrt{3}$.

54. In die Ellipse $b^2\,x^2 + a^2\,y^2 = a^2\,b^2$ ist ein Quadrat einzuzeichnen!
Anleitung: Da ein Eckpunkt des Quadrats die Koordinaten $y = x$ hat, so erhält man aus der Ellipsengleichung
$$x = \pm\,a\,b / \sqrt{a^2 + b^2}\,.$$

55. Von dem positiven Endpunkte der Nebenachse der Ellipse $9\,x^2 + 25\,y^2 = 225$ werden die beiden Brennstrahlen gezogen. Wie lauten ihre Gleichungen und wo schneiden sie die Ellipse zum zweiten Male?
Ergebnis: 1. $3\,x + 4\,y - 12 = 0$; 2. $3\,x - 4\,y + 12 = 0$.
$$x_s = \pm\,200/41; \qquad y_s = -\,27/41.$$

56. Um ein Quadrat mit der Seite $2\,q$ soll eine Ellipse gezeichnet werden, deren Achsen sich wie $2:1$ verhalten. Wie heißt ihre Gleichung?
Anleitung: Zur Bestimmung von a und b hat man die beiden Gleichungen
$$b^2\,q^2 + a^2\,q^2 = a^2\,b^2 \quad \text{und} \quad a : b = 2 : 1.$$
Gleichung der Ellipse: $x^2 + 4\,y^2 = 5\,q^2$.

57. Wie heißt die Gleichung der Ellipse, deren Brennpunkte die Koordinaten $F_1\,(9, 3)$ und $F_2\,(3, 3)$ haben und deren Hauptachse $2\,a = 10$ ist? Welche Länge müßte diese haben, wenn die Ellipse durch den Ursprung gehen soll?
Anleitung: Aus $a = 5$ und $e = 3$ folgt $b = 4$ und somit die Gleichung der Ellipse $16\,(x - 6)^2 + 25\,(y - 3)^2 = 400$. Soll die Ellipse durch den Ursprung gehen, so muß ihre Gleichung für $x = 0$ und $y = 0$ erfüllt sein. Da $b = \sqrt{a^2 - e^2} = \sqrt{a^2 - 9}$, so ergibt sich für a die Bestimmungsgleichung: $(a^2 - 9) \cdot 36 + 9\,a^2 = a^2\,(a^2 - 9)$ und daraus:
$$a = 3\,\sqrt{3 + \sqrt{5}}\,; \quad b = 3\,\sqrt{2 + \sqrt{5}}\,.$$
Der Lösung $a = 3\,\sqrt{3 - \sqrt{5}}$ entspricht kein reeller Wert b.

58. Gegeben ist die Ellipse $16\,x^2 + 36\,y^2 = 576$. Wie lautet:

    a) Die Gleichung des Durchmessers, der durch den Mittelpunkt der Sehne geht, die im I. Quadranten die Endpunkte der Halbachsen verbindet,

    b) die Gleichung des zur Sehne parallelen Durchmessers?

    c) Berechne die Länge der Durchmesser!

Ergebnis: a) $y = 2/3\,x$;   b) $y = -\,2/3\,x$;   c) $l = 2\,\sqrt{26}$.

59. Wie lauten die Gleichungen der Tangenten, welche parallel zur Geraden $4\,x - 3\,y - 1 = 0$ an die Ellipse $3\,x^2 + 5\,y^2 = 15$ gelegt werden können?

Ergebnis: $4\,x - 3\,y = \pm\,\sqrt{107}$.

60. Vom Punkte $P_1\,(8, 3)$ sind die Tangenten an die Ellipse $9\,x^2 + 16\,y^2 = 144$ zu legen. Wie lauten ihre Gleichungen?

Anleitung: Beachte Aufgabe 29! Wende zur zweiten Lösung die Tangentenbedingung an!

Ergebnis: 1. $y = 3$;   2. $x - y = 5$.

61. An die Ellipse $4\,x^2 + 9\,y^2 = 36$ sind in den Punkten $P_1\,(x_1 = 1,\ y_1 > 0)$ und $P_2\,(x_2 = 2,\ y_2 < 0)$ die Tangenten gelegt. Welchen Winkel schließen beide ein?

Ergebnis: $m_1 = -\,(1/6)\,\sqrt{2}$; $m_2 = (4/15)\,\sqrt{5}$; $\varphi = 135^0\,55'\,48''$.

62. In der Ellipse $x^2 + 3\,y^2 = 12$ schließen zwei konjugierte Durchmesser einen Winkel von 120^0 ein. Unter welchen Winkeln sind sie gegen die x-Achse geneigt?

Anleitung: Ist α der Neigungswinkel von D_1 und β der Neigungswinkel von D_2, dann gilt

$$\operatorname{tg}\,(\alpha - \beta) = \frac{m_1 - m_2}{1 + m_1\,m_2}$$

    Nun ist $m_1 \cdot m_2 = -\,b^2/a^2 = -\,1/3$, also $m_2 = -\,1\,/\,(3\,m_1)$ und somit $\operatorname{tg}120^0 = [m_1 + 1/(3\,m_1)]\,/\,(1 - 1/3) = -\,\sqrt{3}$.

Die Auflösung dieser Gleichung ergibt $m_1 = -\,(1/3)\,\sqrt{3}$; $m_2 = (1/3)\,\sqrt{3}$ und somit $\alpha = 150^0$; $\beta = 30^0$.

64. Gegeben sind die Ellipse $4\,x^2 + 12\,y^2 = 48$ und die Hyperbel $4\,x^2 - 4\,y^2 = 16$. Beweise, daß die beiden Kurven „konfokal" sind (d. h. daß sie gleiche Brennpunkte haben).

Ergebnis: Für beide Kurven ist $e^2 = 8$.

65. Eine Ellipse hat die Halbachsen $a = 4$, $b = 3$, eine Hyperbel die Halbachsen $a = 2$, $b = \sqrt{3}$ (beide zentrisch).

    a) Wo schneiden einander die beiden Kurven?

    b) Beweise, daß sie konfokal sind und die Tangenten in den Schnittpunkten aufeinander senkrecht stehen!

Ergebnis (Beispiel): Aus $m_1 = -\,\sqrt{3}\,/2$ (eine Ellipsentangente) und $m_2 = 2/\sqrt{3}$ (Hyperbeltangente durch den gleichen Punkt) folgt $m_1\,m_2 = -\,1$, d. h. die Tangenten stehen senkrecht aufeinander. Das gleiche ergibt sich an den übrigen Schnittpunkten.

5. Die Hyperbel (Aufgabe 66—75)

66. Wie lautet die Gleichung der zentrischen Hyperbel, für die $b = 2\sqrt{3}$ und $e = 4$ ist?
Ergebnis: $12\,x^2 - 4\,y^2 = 48$.

67. Bestimme die Achsen a und b und die Exzentrizität folgender Hyperbeln:

$$a)\quad 16\,x^2 - 32\,y^2 = 128$$
$$b)\quad\quad y^2 - x^2 = 9.$$

Bei b) fällt die reelle Achse in die y-Achse, zum Unterschied von der Hyperbel $x^2 - y^2 = 9$.

Ergebnis: a) $a = 2\sqrt{2}$; $b = 2$; $e = 2\sqrt{3}$
  b) $a = b = 3$; $e = 3\sqrt{2}$.

68. Wie lautet die Mittelpunktsgleichung der Hyperbel, wenn der Halbparameter $p = 2{,}25$ und $e = 5$ ist?
Anleitung: Zur Bestimmung von a und b hat man 1. $p = \dfrac{b^2}{a}$; 2. $e^2 = a^2 + b^2$.

69. Die Asymptoten einer Hyperbel haben die Gleichung $y = \pm\,(4/3)\,x$. Wie lautet die Gleichung der Hyperbel, wenn sie durch den Punkt $P_1\,(5,\,16/3)$ geht?
Anleitung: Aus $b : a = 4 : 3$ und $25\,b^2 - (256/9)\,a^2 = a^2\,b^2$ erhält man $x^2/9 - y^2/16 = 1$.

70. Für welche Punkte der Hyperbel stehen die Brennstrahlen aufeinander senkrecht? Gleichung der Hyperbel $24\,x^2 - y^2 = 150$. (Siehe entsprechende Aufgabe bei der Ellipse!)

71. Wie lauten die Gleichungen der Tangenten an die Hyperbel $16\,x^2 - 25\,y^2 = 400$, wenn sie der Geraden $2\,x - y + 3 = 0$ parallel laufen?
Ergebnis: $2\,x - y = \pm\,2\sqrt{21}$.

72. Bestimme die Mittelpunktsgleichung der Hyperbel, die die Gerade $5\,x - 4\,y = 16$ im Punkte $P_1\,(5,\,9/4)$ berührt!
Ergebnis: $9\,x^2 - 16\,y^2 = 144$.

73. Gegeben ist die Hyperbel $25\,x^2 - 16\,y^2 = 400$ und der Durchmesser $y = (1/3)\,x$.

  a) Wie lautet die Gleichung des konjugierten Durchmessers?
  b) Welchen Winkel schließen beide ein?

Ergebnis: a) $y = (75/16)\,x$
  b) $\operatorname{tg}(\alpha - \beta) = \dfrac{75/16 - 1/3}{1 + 25/16} = \dfrac{209}{123}$.

74. Gegeben ist der Kreis $x^2 + y^2 = 9\,a^2$ und die gleichseitige Hyperbel $x^2 - y^2 = a^2$. Unter welchen Winkeln schneiden einander die beiden Kurven?

Ergebnis (Beispiel): $m_1 = -\dfrac{\sqrt{5}}{2}$ (Kreis); $m_2 = \dfrac{\sqrt{5}}{2}$ (Hyperbel).

$\varphi = 83^\circ\,37'\,19''$; das gleiche ergibt sich an den übrigen Schnittpunkten.

75. Durch die Eckpunkte eines Quadrats mit der Seite $2s$ soll eine Hyperbel gelegt werden, deren Achsen mit den Verbindungslinien der gegenüberliegenden Seitenmitten zusammenfallen. Ihre Exzentrizität e ist gleich der halben Quadratseite. Wie groß sind die Achsen?

Anleitung: Zur Bestimmung von a und b hat man die Gleichungen:

$$s^2/a^2 - s^2/b^2 = 1 \quad \text{und} \quad a^2 + b^2 = s^2.$$

Ergebnis: $a = (s/2) \sqrt{6 - 2\sqrt{5}}$; $b = (s/2)\sqrt{2\sqrt{5} - 2}$.

6. Geometrische Örter (Aufgabe 76—85)

76. Gegeben sind die beiden Geraden

$$4x - 3y + 12 = 0 \quad \text{und} \quad 12x + 5y - 30 = 0.$$

Bestimme den geometrischen Ort aller Punkte, deren Abstände von den beiden Geraden sich wie $3:2$ verhalten!

Anleitung: Bedingung: a) $d_1 : d_2 = 3 : 2$
    b) $d_1 : - d_2 = 3 : 2$.

Bringt man die Geraden auf die Normalform von Hesse, dann erhält man daraus für die Koordinaten der gesuchten Punkte:

a) $\dfrac{4x - 3y + 12}{-5} : \dfrac{12x + 5y - 30}{13} = 3 : 2$

b) $\dfrac{4x - 3y + 12}{5} : \dfrac{12x + 5y - 30}{13} = 3 : 2$ (Nebenwinkel).

Ergebnis: a) $284x - 3y - 138 = 0$; b) $76x + 153y - 762 = 0$.

77. Auf der Höhe $CO = b$ eines gleichschenkligen Dreiecks ABC bewegen sich zwei Punkte D und D_1 so, daß $CD = 2CD_1$ ist. Welches ist der geometrische Ort der Schnittpunkte der Lote von D auf BC und von D_1 auf AC? **Anleitung:** Man wähle das Achsenkreuz so, daß die Höhe des Dreiecks in die y-Achse fällt und bezeichne $AO = OB$ mit a und $CD_1 = D_1D$ mit λ. Sodann stellt man die Gleichungen der beiden Dreiecksseiten und der darauf errichteten Lote auf, die sich leicht aus der Figur ablesen lassen. Es ist die Gleichung von

$$BC \equiv y = -(b/a)\,x + b, \quad \Big| \quad DP \equiv y = (a/b)\,x + b - 2\lambda,$$
$$AC \equiv y = (b/a)\,x + b, \quad \Big| \quad D_1P \equiv y = -(a/b)\,x + b - \lambda.$$

Nach Eliminieren von λ aus den Gleichungen der Lote erhält man als Ortsgleichung

$$3ax + by - b^2 = 0 \quad \text{(Gerade)}.$$

78. In dem Rechteck $OABC$ mit der Grundlinie $OA = a$ wird die Mitte E von OA mit B und die Mitte D von OC mit der Mitte F von BC verbunden. Welchen Ort beschreibt der Schnittpunkt P von EB und DF, wenn die Höhe des Rechtecks OC sich ändert?

Anleitung: Man wähle das Achsenkreuz so, daß die x-Achse in die Grundlinie OA und die y-Achse in die variable Rechteckshöhe $OC = \lambda$ fällt und bestimme die Gleichungen der Verbindungslinien.

1. Gleichung von $EB \equiv y = \dfrac{2\lambda}{a} x - \lambda$ oder $y = \lambda\left(\dfrac{2x}{a} - 1\right)$

2. Gleichung von $DF \equiv y = \dfrac{\lambda}{a} x + \dfrac{\lambda}{2}$ oder $y = \lambda\left(\dfrac{x}{a} + \dfrac{1}{2}\right)$

Das Ausklammern des Faktors λ sollte die Eliminierung desselben vorbereiten, die man nun durch Division der beiden Gleichungen in einfacher Weise erreicht.

Ergebnis: $x = (3/2)\,a$.

79. Durch die Endpunkte der Strecke $AB = 2a$ werden zwei Strahlen so gezogen, daß der durch B gehende Strahl mit der Verlängerung von AB einen Winkel bildet, der doppelt so groß ist wie der Winkel, der von dem von A ausgehenden Strahl und der Strecke AB gebildet wird. Welches ist der geometrische Ort der Schnittpunkte beider Strahlen?

Anleitung: Man wähle das Achsenkreuz so, daß der Mittelpunkt von AB der Koordinatenanfangspunkt ist. Sind x und y die Koordinaten des Schnittpunktes der beiden Strahlen, dann ist

1. $\operatorname{tg}\alpha = y/(a+x)$

2. $\operatorname{tg}2\alpha = \dfrac{y}{x-a} = \dfrac{2\operatorname{tg}\alpha}{1-\operatorname{tg}^2\alpha}$.

Daraus folgt   3. $\dfrac{y}{x-a} = \dfrac{2\,y/(a+x)}{1-y^2/(a+x)^2}$.

Ergebnis: $(x-a)^2 + y^2 = 4a^2$.

Welcher Lehrsatz aus der Planimetrie bestätigt das Ergebnis?

80. Bestimme den geometrischen Ort für die Schnittpunkte der Höhen aller Dreiecke, die eine gegebene Grundlinie $AB = 2a$ und einen gegebenen Winkel γ haben!

Anleitung: Man wähle das Achsenkreuz wie in Aufgabe 79, ziehe die Höhen und bezeichne die Koordinaten des Höhenschnittpunktes mit x und y. Die von der Grundlinie und h_a bzw. h_b gebildeten Winkel werden mit α_1 bzw. β_1 bezeichnet. Dann ist

1. $\sphericalangle\gamma = \sphericalangle\alpha_1 + \sphericalangle\beta_1$;

2. $\operatorname{tg}\alpha_1 = y/(a+x)$,

3. $\operatorname{tg}\beta_1 = y/(a-x)$.

Daraus folgt

$$\operatorname{tg}\gamma = \operatorname{tg}(\alpha_1 + \beta_1) = \frac{\operatorname{tg}\alpha_1 + \operatorname{tg}\beta_1}{1 - \operatorname{tg}\alpha_1 \cdot \operatorname{tg}\beta_1}.$$

Nach Einsetzen der Werte aus 2. und 3. erhält man die Gleichung

$$\operatorname{tg}\gamma\,(a^2 - x^2 - y^2) = 2ay \quad \text{oder}$$
$$x^2 + (y + a \cdot \operatorname{ctg}\gamma)^2 = a^2/\sin^2\gamma.$$

81. Bestimme den geometrischen Ort aller Punkte, welche von einer gegebenen Kreislinie ($r = 10$) und einem, innerhalb derselben gelegenen Punkt S ($OS = 6$) gleich weit entfernt sind ?

Anleitung: Wähle OS als x-Achse. Bedingung: $SP = PA$.

$$SP = \sqrt{(6-x)^2 + y^2},$$
$$PA = 10 - \sqrt{x^2 + y^2},$$

also:
$$(6-x)^2 + y^2 = 100 - 20\sqrt{x^2+y^2} + x^2 + y^2;$$

Ergebnis:
$$(x-3)^2/25 + y^2/16 = 1.$$

82. Welches ist der geometrische Ort aller Punkte, die von einer gegebenen Kreislinie ($r = 5$) und einem außerhalb gelegenen Punkte S ($OS = 13$) gleich weit entfernt sind ?

Anleitung: Lösung wie Aufgabe 81.

Ergebnis:
$$\frac{(x-6,5)^2}{25/4} - \frac{y^2}{36} = 1.$$

83. Bestimme den geometrischen Ort aller Punkte, für welche die Differenz der Quadrate ihrer Entfernung von zwei Punkten A und B gleich dem Quadrat ihrer Ordinaten ist!

Anleitung: Man lege die y-Achse durch den Halbierungspunkt von AB und bezeichne $AO = OB$ mit a. Es soll $\overline{AP}^2 - \overline{BP}^2 = y^2$ sein.

Bezeichnet man die Koordinaten von P mit x und y, dann ist

$$(a+x)^2 - (a-x)^2 = y^2 \text{ und } y^2 = 4ax.$$

Da $4a = 2p$ ist, also $a = p/2$, so ist B der Brennpunkt der Parabel.

84. Über der Strecke $AB = 2a$ ist ein Dreieck ABC gezeichnet, so daß der $\angle ABC = 2 \cdot \angle BAC$ ist. Welchen Ort beschreibt die Spitze C ?

Anleitung: Wahl des Achsenkreuzes s. Aufgabe 79. Lösungsgang ähnlich.

Ergebnis:
$$\frac{x + (a/3)^2}{(4/9)a^2} - \frac{y^2}{(4/3)a^2} = 1.$$

85. Gegeben ist ein Kreis mit dem Radius $r = 4$, dessen Mittelpunkt in der Entfernung $q = 8$ vom Ursprung auf der x-Achse liegt. Welches ist der geometrische Ort für M der Kreise, die diesen Kreis und die y-Achse berühren ?

Anleitung: Da der Radius des Ortskreises gleich der Entfernung von der y-Achse ist, also $r_x = x$ ist, so folgt unmittelbar aus der leicht aufzustellenden Beziehung:

$$(8-x)^2 + y^2 = (4+x)^2$$
$$y^2 = 24(x-2).$$

Führe die Aufgabe mit allgemeinen Zahlen durch!

Ergebnis:
$$y^2 = 2(q+r) \cdot \left(x - \frac{q-r}{2} \right).$$

Zusammenstellung der Formeln

1. Die Gerade

1. Entfernung zweier Punkte

$$d = \sqrt{(x_1 - x_2)^2 + (y_1 - y_2)^2}$$

2. Neigung einer Strecke gegen die x-Achse

$$\operatorname{tg}\alpha = \frac{y_1 - y_2}{x_1 - x_2}$$

3. a) Flächeninhalt eines Dreiecks

$$2\,J = x_1(y_2 - y_3) + x_2(y_3 - y_1) + x_3(y_1 - y_2)$$

   b) Eine (die dritte) Ecke liegt im Ursprung

$$2\,J = x_1 y_2 - x_2 y_1$$

4. Gleichung der Geraden
   a) durch den Ursprung

$$y = m\,x$$

   b) in beliebiger Lage

$$y = m\,x + n$$

5. Gleichung der Geraden mit bestimmten Bedingungen
   a) Punkt-Richtungsform

$$y - y_1 = m(x - x_1)$$

   b) Zwei-Punkteform

$$\frac{y - y_1}{x - x_1} = \frac{y_1 - y_2}{x_1 - x_2}$$

   c) Abschnittsform

$$\frac{x}{a} + \frac{y}{b} = 1$$

   d) Normalform von Hesse

$$x \cos\varphi + y \sin\varphi - d = 0$$

6. Teilverhältnis und harmonische Punkte
   a) Innere Teilung im Verhältnis λ

$$x_0 = \frac{x_1 + \lambda\,x_2}{1 + \lambda}$$

$$y_0 = \frac{y_1 + \lambda\,y_2}{1 + \lambda}$$

   b) Äußere Teilung im Verhältnis λ' ($\equiv$ innerer Teilung im Verhältnis $-\lambda'$)

$$x_0' = \frac{x_1 - \lambda'\,x_2}{1 - \lambda'}$$

$$y_0' = \frac{y_1 - \lambda'\,y_2}{1 - \lambda'}$$

   c) Schwerpunktskoordinaten

$$x_s = \frac{x_1 + x_2 + x_3}{3}$$

$$y_s = \frac{y_1 + y_2 + y_3}{3}$$

7. Schnitt zweier Geraden.
   a) Schnittwinkel-Tangens

$$\operatorname{tg}\delta = \pm\frac{m_1 - m_2}{1 + m_1 m_2}$$

   Winkel spitz $\operatorname{tg}\delta$ positiv
   Winkel stumpf $\operatorname{tg}\delta$ negativ

   b) Die Geraden laufen parallel

$$m_1 = m_2$$

   c) Die Geraden stehen senkrecht aufeinander

$$m_1 m_2 = -1$$

2. Der Kreis

1. Kreisgleichung
   a) des zentrischen Kreises $\qquad x^2 + y^2 = r^2$
   b) des nicht zentrischen Kreises $\qquad (x-a)^2 + (y-b)^2 = r^2$

2. Kreistangente, berührt in $(x_1; y_1)$
   a) für den zentrischen Kreis $\qquad x\,x_1 + y\,y_1 = r^2$
   b) für den nicht zentrischen Kreis $\quad (x-a)(x_1-a) + (y-b)(y_1-b) = r^2$

3. Tangentenbedingung
   a) für den zentrischen Kreis $\qquad r^2(1+m^2) = n^2$
   b) für den nicht zentrischen Kreis $\quad r^2(1+m^2) = [(am+n)-b]^2$

4. Zwei Kreise.
   Es gelten folgende Bedingungen:
   a) bei äußerer Berührung $\qquad (a-c)^2 + (b-d)^2 = (r_1+r_2)^2$
   b) bei innerer Berührung $\qquad (a-c)^2 + (b-d)^2 = (r_1-r_2)^2$
   c) bei rechtwinkligem Schnitt $\qquad (a-c)^2 + (b-d)^2 = r_1^2 + r_2^2$

3. Koordinatensysteme

1. Parallelverschiebung
   a) in ein neues System $\qquad x = a+x'; \; y = b+y'$
   b) vom neuen in das alte System $\quad x' = x-a; \; y' = y-b$

2. Drehung
   a) Drehung und Verschiebung $\qquad x' = x\cos\alpha + y\sin\alpha - a$
   $$y' = -x\sin\alpha + y\cos\alpha - b$$
   b) Drehung ohne Verschiebung $\qquad x' = x\cos\alpha + y\sin\alpha$
   $$y' = -x\sin\alpha + y\cos\alpha$$
   c) vom neuen ins alte System $\qquad x = x'\cos\alpha - y'\sin\alpha$
   $$y = x'\sin\alpha + y'\cos\alpha$$

3. Polarkoordinaten
   a) Verwandlung der rechtwinkligen in Polarkoordinaten $\qquad x = r\cos\varphi$
   $$y = r\sin\varphi$$
   b) Verwandlung der Polarkoordinaten in rechtwinklige $\qquad r^2 = x^2 + y^2$
   $$\operatorname{tg}\varphi = y/x$$

4. Kegelschnitte

1. Beziehung zwischen dem Neigungswinkel β der Schnittebene und dem erzeugenden Winkel α $\qquad \varepsilon = \dfrac{\cos\beta}{\cos\alpha}$

2. Die numerische Exzentrizität $\qquad \varepsilon = e/a$
   a) Ellipse $\qquad \varepsilon < 1$
   b) Parabel $\qquad \varepsilon = 1$
   c) Hyperbel $\qquad \varepsilon > 1$

5. Die Parabel

1. Scheitelgleichung $\qquad\qquad\qquad\qquad\qquad$ $y^2 = 2\,p\,x$

2. Vier Formen der Scheitelgleichung $\qquad$ $y^2 = \pm\,2\,p\,x$
$$x^2 = \pm\,2\,p\,y$$

3. Gleichungen bei beliebiger Lage des Scheitels $\qquad$ $(y-b)^2 = \pm\,2\,p\,(x-a)$
$$(x-a)^2 = \pm\,2\,p\,(y-b)$$

4. Gleichung der Tangente $\qquad\qquad$ $(x_1;\,y_1)$ Berührungspunkt
   a) an die Scheitelparabel $\qquad\qquad\qquad$ $y\,y_1 = p\,(x+x_1)$
   b) an die Parabel in „Parallellage" $\quad (y-b)\,(y_1-b) = p\,(x+x_1-2\,a)$
   c) Tangentenbedingung zu a) $\qquad\qquad$ $p = 2\,m\,n$

5. Gleichung der Normalen, Schnitt in $(x_1;\,y_1)$ $\qquad\qquad$ $y - y_1 = -\dfrac{y_1}{p}\,(x-x_1)$

6. Die „Berührungsgrößen"
   a) Länge des Tangentenabschnittes $\qquad$ $T\,P_1 = \sqrt{(2\,x_1)^2 + y_1{}^2}$
   b) Länge der Subtangente $\qquad\qquad\qquad$ $T\,F = 2\,x_1$
   c) Länge des Normalenabschnittes $\qquad$ $P_1\,N = \sqrt{y_1{}^2 + p^2}$
   d) Länge der Subnormalen $\qquad\qquad\qquad$ $N\,F = p$

7. Durchmesser $\qquad\qquad\qquad\qquad\qquad$ $y = p/m$

6. Die Ellipse

Hauptachse $\qquad\qquad\qquad\qquad\qquad$ $2\,a;\ e = \sqrt{a^2 - b^2}$

1. Gleichung
   a) der zentrischen Ellipse $\qquad\qquad$ $\dfrac{x^2}{a^2} + \dfrac{y^2}{b^2} = 1$

   b) der Ellipse in „Parallellage" $\quad$ $\dfrac{(x-p)^2}{a^2} + \dfrac{(y-q)^2}{b^2} = 1$

   c) des Halbparameters $\qquad\qquad$ $y_p = p = b^2/a$

2. Brennstrahlen $\qquad\qquad\qquad$ $r_1 = (a^2 - e\,x)/a$
$$r_2 = (a^2 + e\,x)/a$$

3. Gleichung der Tangente $\qquad$ $(x_1;\,y_1)$ Berührungspunkt

   a) an die zentrische Ellipse $\qquad$ $\dfrac{x \cdot x_1}{a^2} + \dfrac{y \cdot y_1}{b^2} = 1$

   b) an die Ellipse in „Parallellage" $\quad$ $\dfrac{(x-p)(x_1-p)}{a^2} + \dfrac{(y-q)(y_1-q)}{b^2} = 1$

   c) Tangentenbedingung zu a) $\qquad$ $a^2 m^2 + b^2 = n^2$

4. Gleichung der Normalen, Schnitt in $(x_1;\,y_1)$ $\qquad$ $y - y_1 = \dfrac{a^2 y_1}{b^2 x_1}\,(x - x_1)$

5. Konjugierte Durchmesser. Es gelten die Beziehungen:
   a) $\qquad m\,m_1 = -\,b^2/a^2$
   b) $\qquad a_1{}^2 + b_1{}^2 = a^2 + b^2$
   c) $\qquad a_1 \cdot b_1 \sin \varphi = a\,b$

7. Die Hyperbel

Hauptachse	$2\,a;\; e = \sqrt{a^2 + b^2}$

1. Gleichung

a) der zentrischen Hyperbel

$$\frac{x^2}{a^2} - \frac{y^2}{b^2} = 1$$

b) der gleichseitigen Hyperbel

$$x^2 - y^2 = a^2$$

c) der konjugierten Hyperbel

$$\frac{y^2}{b^2} - \frac{x^2}{a^2} = 1$$

d) der Hyperbel in „Parallellage"

$$\frac{(x-p)^2}{a^2} - \frac{(y-q)^2}{b^2} = 1$$

e) des Halbparameters

$$y_p = p = b^2/a$$

f) Asymptotengleichung der Hyperbel

$$x' \cdot y' = a^2/2$$

2. Brennstrahlen

$$r_1 = (e\,x - a^2)/a$$
$$r_2 = (e\,x + a^2)/a$$

3. Gleichung der Tangente $(x_1;\; y_1)$ Berührungspunkt

a) an die zentrische Hyperbel

$$\frac{x \cdot x_1}{a^2} - \frac{y \cdot y_1}{b^2} = 1$$

b) an die Hyperbel in „Parallellage"

$$\frac{(x-p)(x_1-p)}{a^2} - \frac{(y-q)(y_1-q)}{b^2} =$$

c) Tangentenbedingung zu a)

$$a^2 m^2 - b^2 = n^2$$

4. Gleichung der Normalen, Schnitt in $(x_1;\, y_1$

$$y - y_1 = -\frac{a^2 y_1}{b^2 x_1}(x - x_1)$$

5. Gleichung der Asymptoten

$$y = \pm \frac{b}{a}x$$

6. Konjugierte Durchmesser

$$m\,m_1 = b^2/a^2$$

8. Allgemeine Kegelschnittgleichungen

1. $x^2(1 - \varepsilon^2) - 2\,d\,x + y^2 + d^2 = 0$

    a) $\varepsilon < 1$, Ellipse, x^2 und y^2 haben gleiche Vorzeichen
    b) $\varepsilon > 1$, Hyperbel, x^2 und y^2 haben ungleiche Vorzeichen
    c) $\varepsilon = 1$, Parabel, ohne x^2.

2. $A\,x^2 + 2\,B\,x\,y + C\,y^2 + 2\,D\,x + 2\,E\,y + F = 0.$

    a) $A = C$ und $B = 0$: Kreis   c) $B^2 - A\,C > 0$: Hyperbel
    b) $B^2 - A\,C < 0$:   Ellipse   d) $B^2 - A\,C = 0$: Parabel.

Berichtigung:
S. 53, Zeile 6 von unten: Lies „Halbparameter" statt „Parameter".

www.ingramcontent.com/pod-product-compliance
Lightning Source LLC
Chambersburg PA
CBHW031445180326
41458CB00002B/650